# ここはハズせない

# 乳牛栄養学

## ～飼料設計の科学～

大場 真人

# はじめに

「何をどれだけ食べるか」を考えることには、いろいろな段階があります。残さず食べましょう。好き嫌いせずに食べましょう。栄養のバランスを考えて食べましょう。子どもから大人に成長していく過程で、私達は「食」や「栄養」に対する考え方を少しずつ学んできました。バランスの取れた食生活は健康を維持するうえで、とても大切です。

私達一般庶民は、栄養バランスを徹底的に考えたストイックな食生活はしないかもしれません。しかし、トップ・クラスのアスリート達は管理栄養士をつけて、食べるものに細心の注意を払い、それぞれの競技で最高のパフォーマンスができるような身体作りをします。

高泌乳牛はいわばアスリートです。人間が遺伝改良を進めてきた結果、大量の乳を生産するようになりました。ずば抜けた潜在能力を存分に発揮させるためには、きめ細かい栄養管理が必要になります。高泌乳牛は「自然」の動物ではありません。高泌乳牛に何をどれだけ食べさせればよいかを決めるには、経験や勘だけに頼ったアプローチでは不十分であり、ある程度の専門知識も必要になります。

この本は、飼料設計のやり方を説明するために書いたハウツーものではありません。飼料設計ソフトの使い方を説明するために書いたものでもありません。飼料設計そのものは、飼料設計ソフトを使って行なうため、ソフトの使い方さえ習えば、それらしく見えるメニューは誰にでも作れると思います。しかし、それは本当の意味での飼料設計ではありません。

この本は、飼料設計をするにあたって知っておきたい考え方・背景を解説するために書きました。『ここはハズせない乳牛栄養学』シリーズ3冊目として「飼料設計の科学」という副題がついていますが、本書は乳牛の栄養管理に携わるすべての人に読んでもらいたい内容になっています。

第1部では、飼料設計に直接携わらない酪農家の方々に伝えたいことを書きました。

第2部では、これから飼料設計を始めたい人を対象に、飼料設計の基本を解説しています。

第3部と第4部は、飼料設計の経験があるものの栄養学をもっと勉強したい人を対象に、2021年に米国で出版された乳牛飼養標準『NASEM』の内容を、解説を交えながら紹介しています。

言うまでもなく、栄養学の専門知識があっても、十分な観察力がなければ乳牛の栄養管理はできません。飼料設計は栄養管理のすべてではありませんし、乳牛は、新鮮で清潔な水と空気、快適な牛舎環境も必要としています。しかし、乳牛に何をどれだけ与えるかを決める飼料設計は、優れた栄養管理を実践するためのスタート地点となります。

読者の皆さんが乳牛の栄養管理を考え、向上させていくヒントを少しでも多く本書から得ていただければ幸いです。

2022年9月
大場 真人

# 目次

# 第1部

## ここはハズせない
## 皆が知っておきたい
## 基礎知識

<table>
<tr><td>第 1 章</td><td>飼料設計の前提条件を<br>理解しよう</td></tr>
</table>

## ▶飼料設計の三つのステップ

　乳牛の飼料設計とは、乳生産のために必要なエネルギーや栄養素を乳牛が摂取できるように、乳牛の「献立」を考えることです。乳牛の飼料設計には下記の三つのステップがあります。

■**ステップ1**　どの乳牛を対象に飼料設計をするのかターゲット牛を決める。
■**ステップ2**　ターゲット牛がどれだけ喰えるかを予測する。
■**ステップ3**　ターゲット牛が喰える範囲内で飼料原料の給与量・割合を決める。

　「飼料設計の計算は難しい」と感じておられる酪農家さんは多いかもしれません。しかし、計算そのものは上記のステップの三つ目に過ぎません。一見、複雑で高度な仕事に見えるかもしれませんが、一番簡単です。ある意味、計算機・コンピュータでもできる仕事です。

　ステップ1の"飼料設計のターゲット牛を決める"、つまり、どれくらいの乳量の牛が必要としている栄養やエネルギーを与えるのかを決める仕事は、栄養学の専門知識は必要ありませんし、飼料設計ソフトの使い方をマスターする必要もありませんが、飼料設計で一番大切な出発点と言えます。将来的には、AI（人工知能）が行なう仕事になるのかもしれませんが、現時点では高度な判断を伴う、人間にしかできない仕事です。この部分を適当に済ませてしまうと、その後の作業はすべてムダになります。

　ステップ2の〝牛が喰える量（乾物摂取量：DMI）を予測する〟のも重要です。1日に20kgしか喰えないのに、25kg喰えると想定して飼料設計すれば、栄養不足になります。その反対に、実際のDMIが15kgなのに、10kgのDMIを想定した設計をすれば、エネルギーの過剰摂取になり乳牛は肥ってしまうかもしれません。飼料設計では、緻密な計算を行ないますが、前提条件がデタラメであれば、出てくる答えもデタラメになります。どんなに精密な計算をしても、それは飼料設計をする人の自己満足に終わります。

## ▶ターゲット牛の設定

　飼料設計そのものは、飼料会社の担当者や栄養コンサル、または獣医師が行なうかもしれません。酪農家自身が直接、飼料設計をしてもしなくても、どの牛を念頭に置いて飼料設計を行なっているのかは意識しておく必要がありますし、確認すべきです。あるいは、みんなで相談して決めるべきことかもしれません。飼料設計のターゲット牛を決めることは「適当に済ませてよい入力項目」ではなく、高度な判断を伴う経営判断だからです。

　例えば、群管理をしている農場で飼料設計をする場合、牛群のすべての牛にピッタリ合うTMRを作ることは不可能です。グループ内の牛の乳量のばらつきが15kgから55kgで、平均乳量が35kgの牛群の飼料設計をする場合を想定してみましょう。当然のことながら、乳量が55kgの牛の要求量を充足させるようなエネルギー・栄養分を供給すれば、乳量が15kgの牛には過剰給与となります。すべての牛にピッタリのTMRを用意することはできません。ある意味、飼料設計は、メリットとデメリットの両方を天秤にかけて、総合的なメリットが最大になるものを追求する妥協の産物です。どの牛を対象にTMRの飼料設計を行なうのか？　これは、コンピュータには決められないことです。

　平均乳量の35kgを想定して飼料設計すべきなのでしょうか？　それとも平均よりもやや高めの38kgでしょうか？　あるいは、グループ内の80％程度の牛のエネルギー・栄養要求量を充足させられるレベル（例えば40kg）を目安に

すべきなのでしょうか？

　これらの質問には、唯一絶対に正しいという解答を存在しませんし、本書でも具体的な数値を上げることはできません。それぞれの農場の牛を観察して、「牛と相談」しながら決めていくことが求められる、高度な仕事です。

　TMR給与の農場で最初にすべき観察の一つは、ボディ・コンディション・スコア（BCS）のチェックです。それぞれの農場で、全体的に過肥の牛が多いのか、それとも痩せている牛が多いのか、を見ることです。

　過肥の牛が多ければ、実際の平均乳量に関係なく、飼料設計の栄養水準が高すぎる可能性があります。それに対して、痩せている牛が多ければ、牛が身を削りながら乳量を維持している可能性があり、飼料設計の想定乳量をもっと高める必要があることを示しています。BCSは牛のエネルギー・バランスの結果であり、実践している栄養管理・飼料設計に対して牛が出している答えの一つです。ある意味、乳量と同じくらい重要な「データ」と言えるかもしれません。

　例えば、痩せている牛が多い牛群に給与するTMRのエネルギー濃度を決める際には、乳量だけではなく、牛群のBCSにも注意を払う必要があります。牛は乳生産だけでなく、BCSの回復にもエネルギーを必要としているからです。例えば、体重が650kgの牛のBCSを2から3まで回復させるためには、520Mcalのエネルギーが必要だとされています。これを乳量に換算すると、743kgの乳生産に必要なエネルギーに相当します。もし、90日かけてBCSを回復させようとすると、これは、1日当たり8.3kgの乳生産（743/90 = 8.3）に相当するエネルギーを余分に給与する必要があることを意味しています。つまり、ある痩せた乳牛の乳量が30kgだとすれば、その牛には38.3kgの乳生産に相当するエネルギーを給与する必要があるのです。

　TMR設計でターゲット牛を設定する場合、それぞれの農場でのボトルネックとなっている問題が何かを推察することも必要となります。移行期の代謝障害が多い、分娩後のDMI・乳量の立ち上がりが悪い、こういったケースでは、泌乳後期あるいは乾乳前に過肥になっている牛がいないかチェックすることが

必要となります。もし泌乳後期に過肥になっている牛が多ければ、飼料設計の想定乳量が高すぎる可能性があります。それに対して、強い発情が来ない、受胎率が低いなど、繁殖成績に問題がある農場の場合、泌乳ピーク前後に痩せた牛が多くないかチェックする必要があります。もし、BCS が 2.25 以下の牛が多いようであれば、飼料設計のターゲット乳量が低すぎる可能性があります。

　牛群の BCS が一言で「高い」あるいは「低い」と言い切れない場合もあります。BCS が 2 以下の牛もたくさんいれば、BCS が 4 以上の牛もたくさんいるという、BCS のばらつきが大きい農場の場合、もう一歩踏み込んだ分析、戦略的な判断が求められます。

　例えば、移行期の問題も多い、繁殖成績も悪いという農場であれば、泌乳牛の TMR 設計による対応だけではなく、クロース・アップ期の栄養管理の改善も検討する必要があるかもしれません。あるいはフレッシュ牛を別メニューで栄養管理するなどの対策も検討すべきかもしれません。

　また、栄養管理以外の対策を考えるべきケースもあります。泌乳後期の過肥の問題の根源が「長すぎる泌乳後期」にあるケースは多々あります。受胎するのが遅れれば、低乳量の泌乳後期が長くなり、高エネルギーの泌乳牛用のTMR を喰い続けることで肥ってしまいます。しかし、このようなケースで何も考えずに TMR のエネルギー濃度を落としてしまうと、エネルギー不足で繁殖問題が悪化してしまい、さらに泌乳後期の牛が増え、負のスパイラルに陥ってしまうリスクがあります。飼料設計を変えるよりも、繁殖管理を徹底することで「肥る前に次の分娩をさせる」という方針を取るほうが良い場合もあります。

　TMR でグループ単位の栄養管理を行なう場合、最終的には、低能力牛や肥りやすい牛を淘汰し、牛群内の粒をそろえることも求められます。TMR でのグループ管理では、1 頭のスーパー牛の飼養を目指すよりも、粒ぞろいの能力の牛をそろえて底上げしていくアプローチが大切です。

## ▶ DMIの予測

大きく分けて、DMIは下記の三つの要因により決まります。

■乳牛側の要因
■飼料設計の要因
■飼養環境の要因

　乳牛の要因とは、体重や乳量などです。エネルギーをたくさん摂取しなければならない乳牛は、それだけたくさん喰います。飼料設計を行なう場合、どういう牛を対象にしているのかを入力すれば、DMIの予測値が出ます。しかし、実際に乳牛がどれだけ喰うかは、飼料設計や環境によっても変化します。人間でも、エネルギーをたくさん必要とする成長期の子どもや肉体労働をする人は食べる量が多いかもしれません。しかし、食べ物が不味ければ食は進みませんし、暑ければ食欲は減退します。そうなれば、必要としているエネルギーから計算された量を食べられないかもしれません。乳牛のDMIを決めるメカニズムに関しては、拙著『ここはハズせない乳牛栄養学①』で詳述しましたので、そちらを読んでいただければと思いますが、想定されるDMIと実際のDMIに違いがあることは多々あります。

　直接、飼料設計をしない酪農家さんであっても、飼料設計の想定DMIが何kgかを知っておくことは大切です。そして、自分の牛が実際にどれくらい喰っているのかをモニタリングし、あまりにも想定DMIとかけ離れているようであれば、飼料設計をやり直すようにリクエストする必要があります。

　TMRの飼料設計は、基本的に栄養濃度（％）を決める仕事です。しかし、乳牛が食べるのは％ではなく、乳牛が必要としている栄養も％ではありません。％にDMIを掛け算して出てくる値（g、kg、カロリー）です。「架空」のDMI値に基づいて飼料設計をしているなら、何のために飼料設計しているのかわかりません。

　このように、飼料設計を行なう前にすることは、ターゲット牛の確認とDMIの把握です。これは、自分で飼料設計をしてもしなくても、乳牛の栄養管理に携わるすべての人が知っておくべきことです。飼料設計の詳細は、人に任せておけば良いのです。

　話が少し変わりますが、この文章を書いていて、最近テレビで見た某回転ずしチェーンの社長のことを思い出しました。この社長は寿司職人ではありません。回転ずしの会社の社長になる前は、JALの役員など企業再建の仕事をしていたそうです。たぶん寿司は握れないでしょうし、魚の目利きができるとも思えません。しかし、社長としてはとても優秀で、大きな業績を上げているようです。

　会社には、社長が知っておくべきこと、中間管理職が把握しておくべきこと、現場主任が理解しておくべきこと、いろいろあると思います。そのすべてを自分一人でやる必要はありません。

　飼料設計も同じです。飼料設計の前提条件を把握し、それを現場で確認できれば、飼料設計ができなくても栄養管理は立派に行なえるはずです。コンピュータでもできる仕事は、それが得意な人に任せれば良いのです。寿司が握れなくても、寿司会社の社長が務まるのと同じように、飼料設計ができなくても、栄養管理は行なえます。

　誤解を避けるために申し添えますが、飼料設計は他人に任せるべきだと言っているのではありません。「オーナー・シェフ」となって自分ですべて採配するのも楽しいかもしれませんし、それが向いている酪農家さんもたくさんいると思います。飼料設計も、やってみると面白い仕事です。しかし、飼料設計をする・しないにかかわらず、乳牛の栄養管理に携わるすべての人は、飼料設計の前提条件（ターゲット牛の決定とDMIの予測）は、しっかりと把握しておく必要があります。

## ▶一番大事な分析項目

飼料設計をすると、いろいろな専門用語が出てきます。粗飼料を分析に出すと、NDF、uNDF、NFC、CP、RDP、SIP……いろいろな項目があります。それらをすべて覚えるのも大変です。飼料設計をする場合、それらの専門用語が何を意味しているのかをある程度知っておく必要がありますが、飼料設計をしない人は、どこまで知っておくべきなのでしょうか。一番大切な分析項目を一つだけあげるとすれば、それは何でしょうか？

私はアルバータ大学で大学4年生の「乳牛管理」と「反芻動物の栄養学」の授業を担当していますが、この点に関連して、試験で次のような質問を出したことがあります。

サイレージの栄養価が知りたいけどお金がない。一項目だけしか分析できないとすれば、何の分析値を選ぶか？ その理由は？

質問の背景設定が少し「悲しい」ですが、サイレージの栄養価で一番大事なのは何かという質問です。考え方次第で、正解は一つではないと思いますし、理由がきちんと書かれていれば、それなりに部分点は与えました。NDFやCPという答えを書いた学生がほとんどでしたが、私が期待していた答えは、乾物（DM）でした。

DMとは、全体の重量から水分を差し引いて求められる値（％）です。例えば、1kgのサイレージを乾燥させた後の重量が300gになったとします。その場合、下記の式でDMは30％と計算します。乾燥させることによって消失した700gは水分です。

$$300/1000 \times 100 = 30\%$$

乳牛の飼料設計は、DMベースで考えます。基本的に乾いたものだけを使う養鶏・養豚の飼料設計とは異なり、水分の多い飼料原料を使うケースが多いからです。とくに、飼料基盤がサイレージなど自給粗飼料主体であれば、水分が

大幅に異なるものを組み合わせて使います。乳牛は、水分の多いサイレージを摂取したときには飲水量を減らし、水分の低い乾草を摂取したときには飲水量を増やし、合計の水分摂取量が一定になるように自分で調整します。そのため飼料設計では、エサに含まれる水分は無視し、計算には含めないようにします。水分はエネルギー源とはなりませんし、エサからしか摂取できないタンパク質などの栄養素も含まないからです。したがって、乳牛の栄養管理ではDMI、乾物ベースでどれだけのエサを摂取したかを計算するのです。DMIは下記のいずれかの式を使って計算します。

〔（TMR給与量－残飼量）× TMRのDM%〕/ 牛の頭数

（TMR給与量× TMRのDM%－残飼量×残飼のDM%）/ 牛の頭数

牛が60頭いるペンに、DMが50%のTMRを3000kg給与したとします。翌日の残飼量が100kgでした。その場合、DMIは24.2kgになります。

〔（3000 － 100）× 50%〕/ 60 = 24.2kg/日/頭

これは、給与するTMRと残飼のDM%が同じであると想定した計算方法です。しかし実際には、水がたくさん飼槽にこぼれたり、あるいは日差しで乾いてしまったり、牛舎の構造によって給与するTMRと残飼のDM%が大きく異なる場合があります。その場合、DM%の違いを考慮に入れてDMIを正確に計算すると、下記のようになります。

（3000 × 50% － 100 × 40%）/ 60 = 24.3kg/日/頭

0.1kgの違いなので、これは誤差の範囲と言えるかもしれません。極端な場合を除き、農場でDMIのモニタリングを毎日行なううえでは、一つ目の式で十分だと言えます。

私は、飼料設計で一番大事な分析項目はDMだと考えています。輸入乾草を使うなど、水分が少ない（DMが高い）飼料原料だけを使っている農場は別ですが、サイレージや水分の多い副産物飼料を利用している農場では、正確なDMを把握していなければ飼料設計は成り立ちません。

　DMは、牧草の収穫時の生育ステージや予乾時間などによって非常に大きなばらつきがあります。乳牛に給与しているTMRのDMを把握していなければ、DMI（乾物摂取量）も計算できません。DMの中身、つまりDM1kg当たりのエネルギー含量、デンプン含量、タンパク質含量などは飼料設計をする人に任せるとしても、DM％は飼料設計をしない人でも把握しておくべき数値だと言えます。

# 第２章　飼料設計の限界を理解しよう

　誤解を恐れずに率直に言うと、“飼料設計もどき”の作業をすることは簡単です。飼料設計ソフトを使えば、少しの訓練で誰にでもできるからです。しかし「栄養要求量を充足させる」ということだけを考えて“数値合わせの飼料設計”をすると、無茶苦茶な設計になる場合があります。

　大学の授業で、学生に飼料設計をさせると、時々とんでもない設計に出くわす場合があります。ある学生は、コーン・グルテン・ミールを１日に10kg給与すれば、エネルギー要求量もタンパク質の要求量も簡単に充足させられるという飼料設計を提出しました。コーン・グルテン・ミールはタンパク質含量が60％以上なので、通常、タンパク源として使われる飼料原料です。しかし、タンパク質はエネルギーにもなります。そのため、数値合わせだけの作業としては、これは正解になるのかもしれません。しかし、こんな TMR を作っても、牛は喰わないでしょうし、飼料コスト的にも非現実的です。

## ▶仕事 vs. 作業

　「仕事」と「作業」、皆さんは何が違うと思いますか？

　私は「作業」は頭を使わなくてもできること、いわゆる単純労働であるのに対して、「仕事」は頭も使って行なう技能労働だと定義しています。

　乳牛の農場で「作業」をして良いのは乳牛だけです。しっかり喰って、休んで、乳を生産する、これらの作業を何も考えずにやってもらえればベストです。

　それに対して、農場で人間がすべきなのは「仕事」です。頭を使って観察し、やっていることの意味を一つ一つ考え、単純労働者である乳牛に何も考えさせずに作業させること、これが従業員を含め人間の行なうべき「仕事」です。

　改めて述べるまでもなく、飼料設計は「仕事」であり「作業」ではありません。しかし飼料設計ソフトを使うと、数値合わせという枝葉末節の部分だけに意識が集中してしまい、飼料設計が「作業」になってしまうリスクがあります。「コーン・グルテン・ミールを10kg給与すればよい」という飼料設計をした学生は、数値合わせのための作業を行ないました。これは単純に経験不足による失敗なので、この学生を責めるつもりはありません。しかし、これは飼料設計を「作業」と見なした場合の典型的なケースと言えるかもしれません。ここまでズレていなくても、飼料設計を「仕事」として考えなければ、程度の差こそあれ、同じような問題は至るところで生じているはずです。

　飼料設計には、大局的に見て「誤差の範囲内だ」と言えるケースと、数値上は間違っていないけど「問題かも」と言えるケースがあります。例えば、タンパク質が数g足りない、どうやったらタンパク質の要求量が充足できるか……といった細部に目がいっても、DMIの想定がデタラメという場合があります。前章で述べたように、DMIを正確に予測することは、飼料設計の前提条件です。DMIの想定がデタラメであれば、数十g、数百gの単位で影響があるはずです。その部分をいい加減に済ませて、数gの細部にこだわるのは時間のムダですし、飼料設計をしている人の自己満足に過ぎません。

　「仕事」と「作業」の違いは、きちんと観察して考え、動いているかどうかだと思います。「アイツは良い仕事をする」という褒め方があっても、「良い作業をしているね！」という言葉で褒める人はいません。どちらかというと嫌味に聞こえます。飼料設計をしていない酪農家さんであれば、飼料設計の「作業」の部分には、直接携わらないかもしれません。しかし、飼料設計を変えた後の、乳牛の喰いつき具合、DMIの変化、糞の状態などを観察すれば、大局的な見地から「仕事」としての飼料設計に関わることができるはずです。飼料設計をする人は、毎日、農場に来て乳牛の観察をできないかもしれません。しかし、必要なインプットを受け取れるアンテナを張っていれば、「仕事」としての飼料設計ができるはずです。

## ▶栄養管理は伝言ゲーム

　乳牛の栄養管理は伝言ゲームに似ています。伝言ゲームでは、参加する人が一列になり、最初の人にだけメッセージを伝えます。そして、最初の人は伝えられたメッセージを次の人に耳うちします。2番目の人は3番目の人にメッセージを伝えます。そして、それを繰り返し、最後の人は自分が受け取ったメッセージを発表し、元々のメッセージと最後の人が受け取ったメッセージが一致するのか、どの程度、内容が歪曲されて伝わったのかを見るゲームです。人づてに情報が伝達される間に、聞き間違いがあったり、解釈の違いがあったり、不正確な情報が入り込んだりすることで、とんでもないメッセージが伝わっている場合があります。

　乳牛の栄養管理では、下記のようなステップを踏みます。

■ステップ１：酪農家が、飼料設計者に条件・希望を伝える。
■ステップ２：飼料設計者が、飼料設計を行なう。
■ステップ３：飼料設計者が、飼料設計の内容を酪農家に伝える。
■ステップ４：酪農家が、飼料設計の内容を給飼担当者に伝える。
■ステップ５：給飼担当者が、指示されたTMRを作り、乳牛に給与する。
■ステップ６：乳牛が、給与されたTMRを摂取する。

　このように、酪農家が「こういうTMRを作りたい」という意思表示をしてから、実際に、そのTMRが牛の口に入るまで、多くのステップがあります。そして、そのステップの一つ一つで、間違いが混入するリスクがあります。

　例えば、使いたい飼料原料が在庫切れであれば、求めているTMRを作れません。粗飼料の分析値が正しくなければ、指示どおりに飼料原料を混合しても、意図している栄養成分のTMRを作れません。サイレージのDM％が変化したり、サンプリング・エラーから粗飼料の分析値と実際の栄養成分が異なれば、TMRの栄養成分も影響を受けるはずです。さらに、TMRを作るときの混合が不十分・不適切であれば、ミキサーから最初に出てくるTMRと最後に出て

くる TMR の栄養成分が異なることもあります。乳牛は与えられた TMR をそのまま食べずに、穀類だけを選り喰いして長モノの粗飼料を喰い残すかもしれません。いわゆるソーティングです。

　このように、酪農家が給与したいと考えている TMR と実際に牛の口に入る TMR との間には、大きな違いがある場合があります。栄養管理は伝言ゲームであり、飼料設計は栄養管理のごく一部にすぎません。飼料設計されたエサが、そのまま乳牛の口に入るわけではないからです。それぞれのステップで生じる潜在的な誤差に気づき、必要であればその誤差を修正し、修正できない誤差であれば、それを踏まえたうえで対策を講じるなどの対応を取ることが必要であり、それが栄養管理だと言えます。

## ▶残飼は必要？

　乳量は、飼料原料の質や飼料設計の方法、給与する TMR の中身だけで決まるのではありません。TMR をどのように喰わせるのか、それぞれの農場のマネージメントによって大きく左右されます。拙著『ここはハズせない乳牛栄養学①』でも紹介しましたが、同じ TMR を利用している 47 牛群を調査したスペインの研究データは、残飼量が多い農場は乳量も多いことを示しています。この調査対象になった 47 牛群の平均乳量には、20.6 ～ 33.8kg ／日のばらつきがありました。同じエサ、同じ飼料設計、同じ TMR を給与されているのに、なぜこれだけのばらつきが出たのでしょうか。
　「TMR 給与前に残飼があるか？」
　この質問に「Yes」と答えた酪農家（60%）の平均乳量は 29.1kg ／日だったのに対し、「No」と答えた酪農家（40%）の平均乳量は 27.5kg ／日でした。一定の残飼が出るほどの十分な量の TMR を給与することの大切さが理解できます。

カナダの酪農家の間でも、残飼に対する考え方は多様です。アルバータ州の一農場を訪問したとき、そこの酪農家さんは、何も残っていない飼槽を指さして、「見てみろ。オレの牛はよく喰っているだろう」と言いました。その酪農家さんは、「オレは自分の牛がどれくらい喰うか知っている。だから TMR がムダにならないように、ちょうど食べきれるぶんだけ給与しているんだ」とも言いました。「子どものことは私が一番知っている」と言うモンスター・ペアレントのようなセリフだなと思いましたが……。

残飼が出ない農場は、気取ったフレンチ・レストランみたいだなとも思います。フレンチ・レストランのシェフは、ソースもきれいになくなった皿を見て、「お客さんは料理に満足してくれた」と判断するそうです。そういうレストランでは、大きな皿にチョコッとだけ料理が載って出てきます。食べれば食べるほど腹が減ります。フレンチ・レストランに行くと、いつも（というほど行きませんが……）量が足りなくて、パンを追加注文し、皿に残ったソースを付けて、何とか食欲を満たします。「みっともない」と家内に叱られながら……。美味いといえば美味い料理かもしれませんが、私は「給与量」に大不満です。ソースがきれいになくなっている私の皿を見て、「客は満足してくれた」と料理人は誤解しているのだろうなと思うと複雑な気持ちです。事実は、皿も舐めたいくらい「量」に不満が残る食事なのですが。

少し話がそれてしまいましたが、ここで私が言いたいのは、残飼量がゼロであることを誇りにしている酪農家さんは、「客の気持ちを誤解しているフレンチ・レストランのシェフ」のようだということです。

その反対に、アルバータ州の別の農場を訪問したときは、酪農家さんが飼槽に山のように積まれた TMR を指さして、「どうだ。オレの牛はこんなに喰うんだ」と胸を張りました（**図 1-2-1**）。よく喰うから、こんなに給与しないとダメなんだ、というわけです。全部喰い切れるわけではありません。残飼は出ます。しかし、それはサイレージで薄めて育成牛に給与していました。

図 1-2-1　TMR てんこ盛りの飼槽

　ツルツルの飼槽と、TMR マシマシの飼槽、まったく正反対の飼槽なのに、酪農家さんはいずれも「オレの牛は良く喰っている」と言ったのは興味深いと感じました。どちらの農場も優秀な経営をしていますが、残飼に対する考え方には大きな隔たりがありました。

　ちなみに、喰う量を乳牛に自由に決めさせている二つ目の農場の平均乳量は1頭当たり 50kg／日で、乳脂率は 4.2％です。

　先ほど紹介した、同じ TMR を使っている 47 牛群を調査したスペインの研究では、「エサ押しをしているか？」という質問もしました。「Yes」と答えた酪農家（89％）の平均乳量は 28.9kg／日だったのに対し、「No」と答えた酪農家（11％）の平均乳量は 25.0kg／日でした。

　TMR を給与してしばらくしてから、牛の口が届く範囲にエサがあるかどうか。これも DMI と乳量を高めるうえで重要なポイントになることが理解できます。

　1頭平均 50kg／日の乳量を出している酪農家さんは、ルンバのような形をし

たエサ押しロボットを使って、1時間に1回エサ押しをして、牛の口が届く範囲に TMR を押し戻していました。

　同じ飼料設計で、同じ TMR を給与していても、差は出ます。優れた栄養管理を実践するには、適切な飼料設計は必要不可欠です。しかし、どんなに立派な飼料設計をしていても、その後の管理がいい加減であれば、その効果が発揮されることはありません。飼料設計を活かすもムダにするのも、マネージメント次第です。そのことを、飼料設計をする人もしない人も意識しておく必要があります。

# 第3章 TMR を理解しよう

　乳牛にエサを給与する方法には、大きく分けて「TMR 給与」と、粗飼料と濃厚飼料を別々に給与する「分離給与」の二通りのアプローチがあります。

　タイ・ストールで濃厚飼料を分離給与する従来の栄養管理では、乳量に応じて配合飼料の給与量を調節するなど、1頭1頭の牛が必要としているものに対応した栄養管理ができます。

　それに対して、牛群の規模拡大が進むなか、TMR 給与は乳牛の栄養管理のスタンダードな方法として広範に受け入れられています。TMR とは Total Mixed Ration、直訳すると「完全混合飼料」です。細切断した粗飼料と穀類などの濃厚飼料をすべて混ぜ、一口一口にすべての栄養素がバランス良く含まれるようにしたものです。TMR は乳牛1頭1頭のために作るものではなく、数十頭あるいは数百頭といったグループ管理している牛群のために作るものです。牛をグループで管理して TMR を給与する栄養管理では、「個」が求める管理ではなく「群」が求める管理を優先させる必要があるため、その利点と限界を理解しておく必要があります。

　本章では、TMR 給与のメリットとデメリットを考え、そして、TMR 給与で注意を払うべき、いくつかの要因を考えてみたいと思います。

## ▶ TMR 給与のメリット

　TMR 給与では、牛のルーメンに入る一口一口のエサの栄養バランスが取れています。これは、TMR 給与の最も大きな利点です。炭水化物、タンパク質、ミネラルなどの、さまざまな栄養成分をバランス良く同時に摂取することができます。

　それに対して、分離給与では、1日単位で見たときに、栄養のバランスが取れれば良しとするアプローチです。人間の食生活では、1日単位での栄養バランスが取れていれば十分かもしれません。しかし反芻動物である乳牛の栄養管理では、「ルーメン微生物に栄養分を供給しているのだ」という点を認識することが大切です。ルーメンにいるのは、1日単位で栄養バランスを考えればよい人間ではなく、微生物です。

　微生物のライフ・サイクルは短く、環境が整えば20〜30分の単位で増殖できます。日本で、最初の子どもを産む平均年齢は30歳前後でしょうか。人間の「増殖」サイクルは20〜30年です。こう考えると、微生物の1分は人間の1年に相当すると考えてもよいかもしれません。

　10年単位で栄養バランスを考える人はいません。人間の食事のメニューを考えるときに、これから1年間はご飯などの炭水化物だけを食べ、そして2年目は肉だけ、3年目は野菜を食べるという大雑把な献立を作り、「10年単位で栄養のバランスが取れていればよいのですよ」と言う人はいません。

　しかし、1日2〜3回の濃厚飼料の分離給与は、それと同じことをルーメン微生物に言っているようなものです。分離給与は、ルーメン微生物に大きなムリを強いた栄養管理と言えます。それに対しTMRは、ルーメンに入ってくるエサの栄養バランスが常に取れているため、ルーメン発酵をつかさどる微生物の働きを安定させることができます。

　TMR給与のもう一つのメリットは、栄養管理の省力化です。1日に10kgの配合飼料を与えると想定しましょう。1日2回だけ、搾乳時に配合飼料を与える方法では、1回5kgの給与になります。すでに述べたように、これはルーメンへの負担が大きい方法です。濃厚飼料は発酵が速いため、給飼直後はルーメンpHが極端に下がってしまいます。ルーメンpHが低下すれば、センイを消化する微生物は大きなダメージを受けるため、粗飼料の摂取量も低下してしまいます。1日2回、センイを消化する微生物を"痛めつけて"おきながら、牛に粗飼料を十分に喰ってもらうことは期待できません。分離給与でルーメン発

酵を安定させようとすれば、濃厚飼料を1日に何回も給与しなければなりません。1日に10kgの濃厚飼料を給与しているのであれば、1日4回給与すれば、1回当たり2.5kgの給与量で済みます。さらに、1日8回給与すれば、1回当たり1.25kgです。このように濃厚飼料を頻繁に給与すれば、ルーメン発酵を安定させることができるかもしれません。しかし、1日に濃厚飼料を何回も給与するには多大な手間と労力が必要です。それを考えると、TMR給与は非常に楽な方法と言えます。1日1回か2回のTMR給与で、ルーメン発酵を安定させることが可能になるからです。

## ▶ TMR給与のデメリット

　TMR給与には大きなメリットがありますが、問題点もあります。TMR給与では、1頭1頭、異なるエサを給与できません。そのため牛を個体ではなくグループ（牛群）として捉え、グループ内の平均的な牛が満足するような栄養管理を実践することになります。

　多くの牧場では1群TMRで、すべての泌乳牛に同じTMRを給与しています。しかし、すべての牛を満足させることは不可能です。例えば、牛群の中には乳量20kg/日の乾乳直前の牛もいれば、乳量50kg/日以上の泌乳ピークの牛もいます。牛群の平均乳量が35kg/日で、平均乳量の牛が満足するような飼料設計をすれば、平均よりも高泌乳の牛は栄養不足となり、平均よりも低泌乳の牛は栄養過剰となります。平均乳量に近い牛がグループ内で1/3程度であれば、どんなに努力しても、牛群内の2/3の牛は飼料設計に不満を持つことになります。

　TMR給与は、高泌乳牛に対して「ゴメンなさい。エネルギーが足りないけれど、何とかして自分で対応してください」と言っているようなものです。高泌乳牛が自らのエネルギー要求量を充足させるためには、TMRをたくさん喰うしか方法がありません。平均乳量の牛のDMIが20kg/日であれば、高泌乳牛は30kg/日のDMIが必要となるかもしれません。もし、それだけの量を喰

えなければ、エネルギー・バランスはマイナスになり、体脂肪を動員するため痩せていきます。その反対に、乳量が35kg/日の牛のために設計されたTMRは、乳量が20kg/日の牛には濃すぎます。泌乳後期の牛は肥るかもしれません。TMR給与は、低泌乳牛に「この飼料設計ではエネルギーが多すぎるけど、自分で食べる量を減らして、肥らないようにしてください」と言っているようなものです。

こういう弊害をなくすためには、TMRを何種類も作るか、あるいはTMRを給与したうえで、高泌乳牛にだけサプリメント飼料をトップドレスするなど、個体別の栄養管理を部分的に導入することが必要になります。グループ管理をしながら、個体の必要をある程度考慮するという方法です。しかし、このようなアプローチを取れば、TMR給与のメリットが減少してしまいます。そもそもTMR給与の最も大きなメリットは、一口で栄養分をバランス良く摂れることです。サプリメント的に追加のエサを1日数回与えれば、何のためにTMRを給与しているのかわからなくなります。

TMR給与は、栄養管理にかかる労力を減らすための管理技術です。低泌乳牛用のTMR、高泌乳牛用のTMR、その中間くらいのTMRと、調製するTMRの種類をどんどん増やしていけば、栄養管理はどんどん煩雑になります。どこかで線を引かなければ、何のためにTMRを導入したのかわからなくなってしまいます。

このように、TMR給与にはルーメン発酵を安定させるという大きなメリットがありますが、解消すべき課題点も多いことも認識すべきです。TMRを導入することで、マイナス面を補って余りあるほどの利点がある農場もあれば、TMR給与の問題点のほうが大きくなる農場もあります。

TMR給与がプラスになるかマイナスになるかを決める要因の一つは、牛群のサイズです。基本的にTMRは、効率良く牛をグループ単位で管理するための栄養管理技術です。しかし、グループ管理のメリットを追及すればするほど、グループの平均像から外れる個体は無視せざるを得なくなります。能力が高く

ても低くても、グループ内に"異分子"がいれば、グループ管理は難しくなります。そのような"異端牛"は淘汰されるリスクが高くなります。

　平均乳量が35kg弱の牛群に、乳量60kgのエリート牛がいると仮定しましょう。グループ内の平均乳量の牛を対象にした飼料設計では、絶対にエネルギー不足になります。もしエネルギー不足から受胎しなければ、その牛は遅かれ早かれ淘汰されることになります。しかし、このような不本意な理由で淘汰される牛がいたとしても、TMR給与でグループ管理をしているのであれば、それはグループ管理の代償、つまり極端な言い方をすれば「栄養管理を簡素化するために支払う代償」と見なされることになります。

　北米では、搾乳牛が数千頭いる牧場がたくさんあります。そのような農場で、個体別の管理をすることはできません。たとえできたとしても、それには相応の労働コストがかかります。そのようなケースでは、「従業員を3人増やすコスト」と、従業員の数を増やさずに「グループに合わない牛を淘汰するコスト」の選択になります。大規模牛群では、淘汰コストは相対的に低いかもしれません。しかし、家族経営で40〜50頭を搾乳している酪農家では、この淘汰コストは桁外れに大きくなります。栄養管理に使う労力を減らせても、その代償が大きすぎれば本末転倒です。

　大規模牛群でグループ管理を行なう場合、TMR給与は絶対に必要な条件と言えます。しかし、牛群規模がそれほど大きくない農場で、TMRのメリットを最大限に引き出しながら、1頭1頭の牛にきめ細かい注意を払うためには、TMR給与でのグループ管理を基本にしつつも、要所要所で、個体別の管理をある程度取り入れる方法を考えることが必要かもしれません。

　1年という泌乳期間の中で、1頭1頭の牛に注意を払い、個体別の管理をするべき時期があります。それは分娩直後の数日間から1週間です。体温を測ったり、個体ごとの乾物摂取量を把握し、必要に応じて個体ごとにドレンチをしたり、サプリメント飼料などを与えることが必要になるかもしれません。しかし、その時期を順調に乗り切った牛は、グループ管理へと問題なく移行させる

ことができます。

## ▶人間が決めること vs. 乳牛が決めること

　基本的に、分離給与の場合、乳量の高い牛には配合飼料をたくさん給与することで、栄養素の要求量を充足させようとします。つまり、人間が栄養素の給与量を考えます。それに対して TMR 給与では、人間が栄養素の濃度を計算し、実際の栄養素の摂取量は、それぞれの牛が決めます。

　乳牛の飼料設計をする目的は、乳生産のために必要なエネルギーや栄養素を乳牛が摂取できるような栄養管理をすることです。濃厚飼料を分離給与している場合、人間が決めているのは濃厚飼料の給与量で、粗飼料は飽食させているケースが多いと思います。嗜好性の高い濃厚飼料であれば、乳牛は給与した量すべてを摂取するかもしれません。しかし、粗飼料をどれだけ食べるかを決めるのは乳牛です。粗飼料の給与量が極端に少なければ話は別ですが、給与した粗飼料すべてを摂取するわけではないからです。分離給与では、牛は粗飼料の摂取量を調節することで 1 日の総エネルギー・栄養分の摂取量を事実上決めていることになります。簡単に言うと「足し算」による栄養摂取です。

　それに対して、TMR 給与での 1 日の総エネルギー・栄養分の摂取量は、TMR の栄養濃度に DMI をかけたもの、つまり「掛け算」で決まります。人間は、牛の DMI を予測して飼料設計しますが（TMR の栄養濃度を決めますが）、牛が想定どおりの量を喰わなければ、栄養管理は失敗していることになります。TMR 給与では、DMI を決める仕事を牛側が行なっていることを意識することが大切です。牛が食べたいだけ食べられるように、常に飼槽に（牛の口が届く範囲に）TMR があるだろうか。給与量の数％程度の残飼が出るくらいの TMR を給与しているだろうか。エサ押しを頻繁に行なっているだろうか。こういった点をチェックして、人間側が DMI を制限しないように考えなければなりません。

　牛のDMIを最大にするためには、牛が食べる一口一口のバランスが理想的になるように考えることも求められます。バランスにはいろいろな意味があります。ルーメン発酵のバランス、穀類と粗飼料のバランス、エネルギーとタンパク質のバランス、などです。

　TMR給与で乳牛のとれる選択肢は「喰う」か「喰わない」かであり、バランスが取れていないTMRを給与された場合、牛は「喰わない」という選択肢をとる可能性があります。そのため、TMRの飼料設計では、DMIが最大になるような栄養バランスを考えることが重要になります。

　栄養バランスの中で最も大切なのは、ルーメン発酵のバランスです。これは『ここはハズせない乳牛栄養学①』で詳述しましたが、「ルーメンでの発酵酸の生成量」と「発酵酸の中和・除去」のバランスをイメージしながら飼料設計することです。発酵酸の生成量は、穀類の給与量、飼料設計のデンプン濃度、穀類の加工方法などによって変わります。それに対して「発酵酸の中和・除去」は、牛のルーメンを刺激し反芻を促す粗飼料の摂取量により決まります。反芻しているとき牛は唾液をたくさん分泌しますが、唾液には発酵酸を中和する働きのあるバッファー成分が含まれているからです。つまり、穀類をたくさん給与するときには、それに見合った反芻時間を確保させることが重要になります。これがルーメン発酵のバランスを取るという意味です。

　エネルギー摂取量を増やそうとしてTMRのエネルギー濃度を上げても、ルーメン発酵のバランスが取れていなければ、ルーメンは発酵過剰（アシドーシス）になり、牛のDMIは低下します。DMIが低下すれば、たとえTMRのエネルギー濃度を上げても、1日のエネルギー摂取量は低下します。TMR給与で乳牛のエネルギー・栄養摂取量を決めているのは「掛け算」だからです。

　エネルギーとタンパク質のバランスを考えることも重要です。飼料設計ソフトを使うと、「エネルギー摂取量から可能となる乳量」と「代謝タンパクの摂取量から可能となる乳量」が表示されます。例えば、想定乳量35kgのTMRの飼料設計を行なう場合、この「エネルギー乳量」と「タンパク乳量」の両

方を 35kg に設定することが望ましいと言えます。仮に「エネルギー乳量」を 40kg にし、「タンパク乳量」を 35kg になるような設計をすれば、牛は 35kg の乳量を出せるでしょうが、肥る牛が出てくるかもしれません。タンパク質に対してエネルギーを過剰に摂取しているからです。その反対に「エネルギー乳量」を 35kg にし、「タンパク乳量」を 40kg にすれば、牛は 35kg 以上の乳量を出そうとするかもしれません。しかし、足りないエネルギーを補うために体脂肪を動員して（文字どおり身を削って）乳量を出そうとすれば、BCS は低下し、繁殖に悪影響が及ぶことになります。

## ▶ 2 群 TMR vs. 1 群 TMR

　TMR を 2 種類作れる場合、どのような TMR を作ればよいのでしょうか。普通、高泌乳用と低泌乳用、あるいは泌乳前期用の TMR と泌乳後期用の TMR の 2 種類を作ることが考えられます。BCS のばらつきが多い農場、過肥の牛が多い農場では、エネルギー濃度の異なる TMR を二つ作るというアプローチは正しいと思います。

　BCS に関する理想は、泌乳期を通じて BCS が変化しないことです。しかし、BCS という視点から農場を評価すると、「全体的に BCS の低い牛が多い農場」「全体的に BCS の高い牛が多い農場」「BCS のばらつきが多い農場」があります。BCS のばらつきが多い農場で 1 群 TMR を給与している場合、BCS を調整するのは非常に難しいと言えます。BCS の低い牛（もっとエネルギーを必要としている牛）と BCS の高い牛（エネルギー摂取量を減らす必要がある牛）のニーズを同時に充たすことはできないからです。この場合、泌乳牛用に TMR を 2 種類作ることを検討すべきかもしれません。

　しかし、泌乳牛用の TMR を 2 種類作ることにはメリットもありますが、問題点もあります。その一つが、牛を「高泌乳用 TMR」から「低泌乳用 TMR」に移すときに起こる乳量の低下です。低泌乳牛用の TMR では、安価な飼料原料を使って飼料コストを下げられるかもしれません。しかし、たとえ飼料コス

トが節約できたとしても、乳量が低くなってしまえば利益も下がります。牛が肥ってきた場合は例外ですが、乳量を維持しようと思えば、エサを変えるのは良くありません。栄養濃度の低いTMRを給与することで乳量低下のリスクがあるのであれば、ずっと同じTMRを給与し続けるほうが良いと言えます。

　泌乳牛用に2種類のTMRを作る場合、「高泌乳用TMR」と「低泌乳用TMR」を作るというよりも、「高乳量追及TMR」と「過肥防止TMR」を作るという考え方のほうが適切かと思います。

　2群TMRの別の問題点は、グループ分けの方法です。100頭の牛を、50頭ずつの2グループに分け、高泌乳牛用TMRと低泌乳牛用TMRの2種類を作ったと仮定しましょう。高泌乳牛用のTMRを給与したい牛が常に50頭いればベストですが、いつも50頭いるとは限りません。あるときは40頭かもしれませんし、別のときは60頭いるかもしれません。もし、高泌乳グループに入れたい牛が60頭いるのに、牛舎施設の制約から10頭の牛を低泌乳グループに入れなければならないとすれば、それは問題です。余分の労力と手間をかけて毎日2種類のTMRを作っているのに、与えたいTMRを与えたい牛に給与できないからです。グループ分けの理想の数と、牛舎サイズがピッタリと合致することのほうが稀かもしれません。そうであれば、「2群TMRが本当に必要か？」という疑問が出てきます。

　アルバータ州にも、昔、泌乳牛用に2種類のTMRを作っていたのに、それをやめて1種類だけにした酪農家さんがおられます。その酪農家さんは500頭搾乳で、四つのペンで125頭ずつ飼っています。グループ分けの方法は、初産牛のグループが一つ、高泌乳牛のグループが二つ、低泌乳牛のグループが一つです。牛舎の構造、グループ分けの方法、グループのサイズからは、TMRを数種類作ることは十分に可能です。しかし、すぐにやめてしまいました。その理由は、高泌乳牛用のTMRを給与したい乳牛の数が、125の倍数にならないことが多いからです。ムリにTMRに牛を合わせようとすると過密飼養になりますし、それぞれのペンで125頭ずつ飼おうと思えば、求めているものに

合わない TMR を給与される乳牛が出てきます。そのような理由から、あえて TMR を 2 種類作るメリットは低いという経営判断をされたようです。

　　2 群 TMR のメリットとデメリットを考えると、牛群を単純に泌乳前期と後期の牛に分けるのではなく、変則的なグループ分けを考えても良いかもしれません。例えば、分娩直後（3～4 週間）、泌乳ピークから中期、泌乳後期の三つのステージに分け、分娩直後の牛と泌乳後期の牛を同じグループにし、泌乳ピークから中期の牛を別グループにするという変則的な 2 群管理です。分娩直後の牛と泌乳後期の牛は、代謝生理や乳量こそ違うものの、栄養管理で必要としているものが似ているからです。

　　泌乳ピークから中期にかけての高泌乳牛は、エネルギー摂取量を高めるためにデンプンの給与量を増やし、油脂含量を高めてもよいと思います。しかし、一般的に分娩直後の数週間は、飼料設計の油脂濃度やデンプン濃度は抑えたほうがよいと考えられています。油脂濃度が高い設計は DMI を下げやすいからです。さらに、分娩直後、ルーメンの馴致が十分にできていない牛に、デンプン濃度の高い TMR を給与すればアシドーシスのリスクを高めてしまいます。

　　理由はまったく異なりますが、泌乳後期の牛の飼料設計でも、油脂やデンプン濃度は高めないほうが良いでしょう。エネルギー要求量を比較的簡単に充足させられる泌乳後期の牛に油脂サプリメントの必要はなく、飼料コストを高めるだけだからです。さらに、デンプンの多給もしたくありません。ルーメン発酵が過剰になれば乳脂率が低下しますし、過肥になるリスクも高くなるからです。

　　このように、分娩直後の牛と泌乳後期の牛を同じグループにし、泌乳ピークから中期の牛を別グループにするという変則的なグループ作りをする場合、フレキシブルなグループ分けが可能になります。もし、「前」「後」という 2 種類の泌乳ステージの牛をそれぞれのグループで管理する場合、「前」の牛を増やしたい場合、「後」の牛を減らすしか選択肢がありません。不本意なグループ管理をせざるを得ないケースが多々あるはずです。しかし、「前」「中」「後」

の三つの泌乳ステージの牛を、「前」「後」のグループと「中」のグループの二つに分ければ、グループ分けのオプションが増えます。例えば、一時的に「中」グループに入れたい牛が多くなった場合、「前」グループの牛を減らすか、「後」グループの牛を減らすか、二つの選択肢があります。選択肢が増えるということは、フレキシブルなグループ分けができることになります。

　痩せている牛が多い農場や、過肥の牛があまりいない農場では、乳量や泌乳ステージに応じたグループ分けをしてもメリットは少ないかもしれません。すでに述べたように、牛はBCSの回復にもエネルギーを必要としています。泌乳後期の牛であっても、あるいは低泌乳牛であっても、BCS回復のために余分なエネルギーを必要としているという点を考慮すると、全泌乳期を通じて同じTMRを給与するというアプローチがあってもよいと思います。「過肥の牛が出なければ」という前提条件が付きますが、泌乳ステージに関係なく、同じTMRをずっと給与することが正解であるケースもあるのです。

　もし、そのような農場で2種類のTMRを作れる余裕がある場合、泌乳ステージに応じて給与するTMRを変えるのではなく、初産牛用のTMRと多経産牛（2産次以上の牛）用のTMRの二つを作ることを検討できるかもしれません。初産牛の特徴として考慮すべきなのは、まだ成長を続けているため、タンパク質の要求量が比較的高いという点です。乳量が低いものの、DMIも低いため、タンパク質やミネラル・ビタミン濃度がやや高めのTMRを給与することも必要かもしれません。初産牛の泌乳曲線を見てみると、乳量の持続性が高く、泌乳ステージに応じて栄養の要求量はあまり大きく変化しないため、泌乳期を通じて同じTMRを給与することができると思います。

　あと、初産牛用に別のTMRを給与するかどうかにかかわらず、初産牛だけを別グループで飼養管理することにはメリットがあります。牛群の中には社会的な序列があり、体が小さい初産牛は、搾乳牛群のヒエラルキーの中では最下層に属し、採食行動などで萎縮した行動を取りやすい傾向があるからです。採食行動が影響を受ければ、ルーメン発酵やルーメンpHが変化し、乳脂率に悪影響を与える可能性もあります。

## ▶まとめ

　TMR 給与による栄養管理は、長所と短所の両方があります。北米で一般的に受け入れられている技術ではあるものの、それがそのまま、日本のすべての酪農家の経営にプラスになるとは限りません。

　TMR 給与が乳牛の栄養管理を大きく前進させた技術であることに違いはありません。しかし、TMR 給与の考え方が生まれた背景を知り、本当に自分の農場の栄養管理を改善するうえでプラスになるのか、十分に検討することが必要です。

　そして、分離給与から TMR 給与への移行を検討している酪農家であれば、事前に、どのような栄養管理をするかの青写真を作ることも大切です。1 日に TMR を何回給与するか、何種類の TMR を作るか、1 グループに何頭の牛を入れるか、こういった栄養管理のビジョンを考慮して TMR ミキサーの大きさを選択することも必要になります。ミキサーのキャパシティーによっては、実行したいと考えている栄養管理の実践が難しくなるケースもあるからです。

　TMR という技術を一人歩きさせるのではなく、それぞれの酪農家が実践したいと考える栄養管理のビジョンを実現させるオプションの一つ、あるいは道具の一つとして捉え、TMR 技術を使いこなすことが大切です。

# 第2部

ここはハズせない
飼料設計
初心者のための
基礎知識

第1章 エネルギーを理解しよう

　乳牛の飼料設計では、正味エネルギー（Net Energy）や代謝エネルギー（Metabolizable Energy）というエネルギーの単位を使い、乳牛がどれだけのエネルギーを必要としているか、そして必要としているエネルギーをどのように充足させるかを計算します。

　正味エネルギーや代謝エネルギーは、飼料原料に含まれる総エネルギーとは異なります。正味エネルギーとは何でしょうか？　代謝エネルギーとは何でしょうか？　なぜ、飼料原料に含まれる総エネルギーをそのまま計算に使うのではなく、正味エネルギーや代謝エネルギーに換算するのでしょうか？

　乳牛の飼料設計で正味エネルギーや代謝エネルギーを使うのには大きな理由があり、これは飼料設計を始める前に押さえておきたいポイントです。考えてみましょう。

## ▶ 1カ月で使える生活費は？

　それぞれのエサが持つエネルギーを、「総エネルギー」と言います。しかし、乳牛は摂取したエサに含まれるエネルギーをすべて使えるわけではありません。まず、エサに含まれるエネルギーの一部は消化・吸収されることなく、糞として排泄されます。糞にもエネルギーが含まれます。人間が食べるものと比べ、乳牛が喰うものは消化率が低いモノが多いため、糞として排泄されるエネルギーはかなりの量になります。言うまでもなく、乳牛は糞中のエネルギーを使うことができないため、そのぶんを差し引く必要があります。「総エネルギー」から糞中のエネルギーを差し引いたものが、「可消化エネルギー」と呼ばれます。

しかし、乳牛は可消化エネルギーも 100％ 使うことができません。まずルーメンでは、エサが微生物により発酵するときにメタンガスが作られます。これは、ルーメン微生物が発酵酸を作るときに出てくる副産物です。乳牛はメタンガスをエネルギー源として利用できないので、いわゆる「げっぷ」として体外に出ていきます。人間の場合、微生物発酵は大腸で起こります。大腸で発生したメタンガスは「屁」です。乳牛も大腸で発酵しますので、メタンガスの一部は肛門から出ていくかもしれません。しかし、微生物発酵の大部分はルーメンで起こります。大腸は肛門の近くですが、ルーメンは口の近くにあります。そのため、ルーメンで発生したメタンガスは「げっぷ」として大気中に放出されます。口から出てくる「屁」のようなものです。メタンガスは温暖化効果のあるガスで、環境問題の絡みから非常に注目されています。少し話がそれましたが、メタンに含まれるエネルギーも体外へ出ていくため、乳牛は使うことができません。

　さらに、乳牛の体外に排泄されるものに「尿」があります。尿にもエネルギーが含まれています。尿とは、乳牛の体内にいったん吸収されたのに、栄養素やエネルギーとして使えなかったものが濃縮されて出てくるものです。一度、消化・吸収されたエネルギーですから、可消化エネルギーの一部と言えますが、尿として排泄されて体外に出てしまえば、乳牛は利用できません。

　このように、乳牛がエネルギー代謝のために使えるエネルギーを知るためには、メタンガスや尿の形で体外に出ていくエネルギーを差し引く必要があります。可消化エネルギーから、それらのエネルギーのロスを差し引いたものが「代謝エネルギー」と呼ばれます。

　これまで「エネルギー」という言葉を使ってきましたが、それは「仕事をする力」と定義できます。仕事にはいろいろあります。一つはモノを動かす仕事です。車に入れるガソリンですが、これは車を動かすという仕事を行ないます。乳牛の場合、エネルギーは生体機能を維持していくという仕事や、成長という

仕事にも使われます。エネルギーの一部は"乳"という形を取り、体外に出ていきます。

　しかし、乳牛が使える代謝エネルギーは、これらの仕事をするための力として100％使えるわけではありません。エネルギーの一部は熱として体外へ出ていくからです。熱として失われたエネルギーは、仕事をする力として再利用することはできません。昔、学校で習った「エネルギー保存の法則」という言葉を覚えておられるでしょうか。エネルギーには、熱エネルギー、位置エネルギー、運動エネルギーなど、いろいろな形態があります。形態が変わっても、エネルギーの総量は常に一定不変であるというのが「エネルギー保存の法則」です。乳牛も物理の法則に支配されます。乳牛がどれだけの「仕事」をできるのかを計算するためには、どれだけのエネルギーが熱として失われるのかを知る必要があります。「代謝エネルギー」から熱エネルギーを差し引いたもの、これが「正味エネルギー」です。


　正味エネルギーがどれだけあるのかを考えることは、「1カ月に使える生活費はどれくらいか」を考えるのに似ています。月給が30万円だと仮定しましょう。しかし、そのすべてのお金を自由に使えるわけではありません。サラリーマンであれば、源泉徴収され、銀行口座に振り込まれるのは、税金などを差し引いたものです。税金や年金などのために取られるお金は、生活費として使えません。税金や社会保険料は、乳牛の世界では「糞」のようなものです。そして、手取り収入にあたる「可処分所得」は、乳牛の世界の「可消化エネルギー」と似ています。可消化エネルギーは、総エネルギーから糞便に含まれるエネルギーを差し引いたものですから、乳牛の手取りエネルギーと言えます。

　それでは、30万円の給料から税金や社会保険料などで6万円取られたとしましょう。手取り収入は24万円です。しかし、その24万円も自由に使えるわけではありません。手取り収入には決まった使い道があるからです。生活していくためには、家賃または家のローンを支払わなければなりませんし、ガス・水道・電気代などの支払いもあります。これらは可処分所得の一部かもしれませんが、われわれが使い道を自由に決められるお金ではありません。乳牛の世

界で、これらの出費は「メタンガス」や「尿」として失われるエネルギーに似ています。消化されて乳牛が使えるはずのエネルギーであっても、乳牛が生物として生きていくためには尿を排泄しなければなりませんし、反芻動物として生きていくためには、メタンガスとしてエネルギーの一部を失います。可処分所得から、毎月の決まった支出を差し引いた残りが生活費となりますが、これは乳牛の世界では「代謝エネルギー」と言います。

24万円の手取り収入の中から、家賃や光熱費などで1カ月に13万円使うとしましょう。残った生活費は11万円です。しかし、これで11万円のモノを買うことはできません。残った生活費を使うときにも、ロスが発生します。消費税です。消費税に10%取られることを想定すると、正味で使えるお金は10万円になります（消費税8%のものもありますが、ここでは細かいツッコミはなしでお願いします）。乳牛の世界で、消費税に似ているのは「熱」として失われるエネルギーです。

エネルギーは「仕事をする力」と定義できますが、仕事をするために100%のエネルギーを使えるわけではありません。仕事をするときには、一定の熱が副産物として発生します。「エネルギー保存の法則」によると、エネルギーの総和は一定です。熱として失われるエネルギーは「仕事をする力」として利用できないので、そのぶんを差し引く必要があります。「代謝エネルギー」から、熱として失われるエネルギーを差し引いたもの、それが「正味エネルギー」です。乳牛が生体維持、成長、妊娠、乳生産のために使えるのは、この「正味エネルギー」です。

月給30万円でも、正味使えるお金は10万円です（**図2-1-1**）。われわれが、月給のすべてを自由に使えないのと同じように、乳牛もエサに含まれる総エネルギーをすべて自由に使えるわけではありません。いろいろなところでロスが発生します。われわれが飼料設計で知りたいのは、エサに含まれるエネルギーではありません。エサに含まれるエネルギーのうち、乳牛が「正味」使えるのはどれだけかです。そのため、糞便、メタンガス、尿、熱など、さまざまなエ

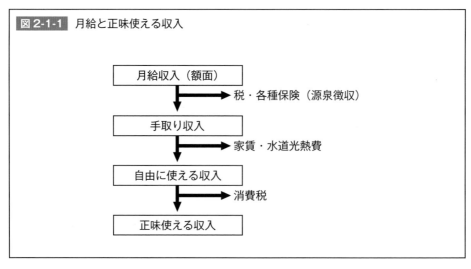

図 2-1-1 月給と正味使える収入

月給収入（額面）
　→ 税・各種保険（源泉徴収）
手取り収入
　→ 家賃・水道光熱費
自由に使える収入
　→ 消費税
正味使える収入

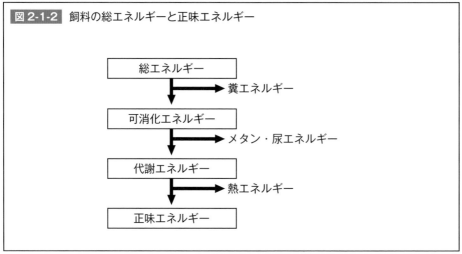

図 2-1-2 飼料の総エネルギーと正味エネルギー

総エネルギー
　→ 糞エネルギー
可消化エネルギー
　→ メタン・尿エネルギー
代謝エネルギー
　→ 熱エネルギー
正味エネルギー

ネルギーのロスを考慮に入れて、乳牛が使えるエネルギーを計算するために、「正味エネルギー」というシステムが使われています（**図2-1-2**）。

　バキバキの稲ワラ、スチーム・フレーク・コーン、いずれも炭水化物（センイ、デンプン）が主成分なので、総エネルギーはほぼ同じです。しかし、乳牛に給与したときのエネルギー価は大きく異なります。ワラは消化率が低く、ワラがルーメンで発酵するときにも多くのメタンガスが出ます。それはエネルギーの多くが糞便やメタンガスの形で失われることを意味し、乳牛が使えるエ

ネルギーは目減りしてしまいます。

　このように、乳牛の食べるものは、総エネルギーが同じでも、乳牛が実際に使える正味エネルギーに換算したときにエネルギー価が大きく違うものがあるため、正味エネルギーでカロリー計算をすることが求められるのです。

　ちなみに、飼料設計ソフトのなかには、正味エネルギーではなく、代謝エネルギーで要求量と供給量を計算しようとするものがあります。代謝エネルギーから正味エネルギーへの変換は実際に計測しているのではなく、一定の効率で変換しているだけのため大きな差はありません。先ほどの例えで説明すると、消費税に8％あるいは10％取られるから、「今月は生活費として正味使えるお金は約10万円だ」と消費税分を差し引いた精密な計算をするのは正確かもしれませんが面倒です。生活費として使えるお金を考えるとき、「消費税込みで11万円を生活費に使えるな」と考えるほうが簡単です。

　正味エネルギーで飼料設計をするか、代謝エネルギーで飼料設計をするかの違いは、消費税を分けて家計簿をつけるのか、消費税込みの額を家計簿に記入するか程度の違いと言えます。代謝エネルギーでの飼料設計は、消費税込みで家計簿をつけるのに似ており、事実上、正味エネルギーでの飼料設計と違いはありません。

## ▶正味エネルギーは「通貨」

　乳牛の飼料設計で正味エネルギー・システムを利用する、もう一つのメリットは、いろいろなエネルギーの使い道を同じ単位で比較したり足し算できるという、「通貨」として使えることです。例えば、お金の使い方でも、食べ物やモノを買うためにお金を使う場合もあれば、交通費として移動するための代価としてお金を使う場合もあります。温泉に行けば、モノではなくサービスに対してお金を支払います。このように、食べ物、交通費、入湯料など、まったく性質が異なるものでも、お金に換算すれば合計できますし、「交通費を減らすためにタクシーを使わずにバスで移動して、そのぶん美味しいモノを食べよう

か」というように、性質がまったく異なるものでも、同じ土俵で考えることもできます。

　乳牛のエネルギーの使い道も、いくつかあります。生体維持のために使わなければならないエネルギー、成長のために使うエネルギー、運動のため、妊娠のため、乳生産のため、あるいはボディ・コンディションを増やすため、これら用途や形が大きく異なるものに必要なエネルギーをすべて「カロリー」という一つの単位でまとめることができるのは大きなメリットです。

　例えば、同じ単位を使うことで、妊娠末期の牛は乾乳中でも、妊娠の維持に乳量5kg分のエネルギーを必要としている……という計算ができます。放牧している農場では、牛は運動のためにもエネルギーを使います。乳量3kg分に相当するエネルギーを運動に使っていることを考えれば、相応のエネルギーを増給しなければならないことがわかります。あるいは、痩せた牛のボディ・コンディションを元に戻すためには乳量7kg分に相当するエネルギーを与えるべきだといった計算も可能になります。これらはすべて、正味エネルギーという同一の「通貨」を使っているからこそ可能になるのです。

## ▶ TDNとエネルギーの違い

　日本では飼料のエネルギー価の指標として、TDN（Total Digestible Nutrients）が使われているケースがあります。TDNとは何でしょうか？　正味エネルギーとどういう違いがあるのでしょうか？

　TDNとは、消化される炭水化物、消化されるタンパク質、消化される脂質がどれだけあるかを計算して、飼料中のエネルギー価を％で表した値です。厳密に言うとエネルギー価ではありませんが、エネルギー価を考慮した数値です。直訳すると「可消化養分総量」となります。

　センイやデンプンなどの炭水化物は1kg当たり約4Mcal、タンパク質は約5Mcal、脂肪は9Mcalのエネルギーが含まれています。タンパク質は炭水化物よりもエネルギー価は高いですが、便宜上、4Mcalとして計算します。タンパ

ク質には、尿として排泄される窒素が含まれるため、尿エネルギーとして失われるエネルギーを多く含みます。そのため、乳牛が使えるエネルギーは炭水化物とだいたい同じくらいだと考えられるからです。脂質は炭水化物の2.25倍のエネルギーが含まれているので、これは同じ扱いをするわけにはいきません。係数2.25をかけて補正します。

　このように、消化される脂質の量に2.25をかけて、消化される炭水化物・タンパク質に足したものが、TDNとなります。


　飼料設計全体や濃厚飼料のTDN（％）という値は、「脂質のエネルギー価を考慮して補正した消化率のおおよその目安」として考えると良いかもしれません。しかしTDNは、あくまでもおおよその目安です。その正確さは、正味エネルギー・システムと比べて劣ります。

　TDNは消化率をある程度考慮に入れた数値なので、可消化エネルギーと似ているかもしれません。しかし、TDNは飼料側の要因だけを考えて算出される値であり、正確ではありません。実際の消化率は、飼料側と乳牛側の双方の要因によって決まるからです。同じ飼料設計でも、乾物摂取量が15kg／日の牛と25kg／日の乳牛では消化率が異なります。TDN値が同じであっても、実際の消化率や可消化エネルギーは、乾物摂取量の高い乳牛のほうが低くなります。乾物摂取量が高くなることで、十分に消化されないうちにルーメンから出ていく飼料が増えるからです。とくに消化に時間のかかるセンイの消化率は、乾物摂取量の高い牛で低くなります。TDNは飼料側の要因だけを考慮に入れて算出されるので、配合飼料などの成分値として使うには便利かもしれませんが、エネルギー価の数値として飼料計算に使うには不向きです。


　TDN値を計算するときには、タンパク質からのエネルギー価を低めに見積もり、炭水化物と同じくらいだと仮定します。これは尿として排泄されるエネルギー・ロスを考慮に入れているためであり、代謝エネルギーを計算する考え方と似ています。しかしTDN値には、メタンガスとして失われるエネルギーのロスが計算に含められていません。センイの発酵はデンプンの発酵よりもメ

タンガスを多く放出します。そのエネルギー・ロスを考慮に入れていないため、粗飼料のエネルギー価を過剰に見積もってしまいます。これも TDN が正味エネルギーや代謝エネルギーという指標に劣る点です。

● 第2章　タンパク質を理解しよう

　タンパク質とは、体を構成する栄養素の一つです。基本的に、動物の体の約70％は水分ですが、その次に多いのがタンパク質で体重の15〜20％を占めます。ただし過肥でBCSの高い乳牛の場合、体脂肪のほうが多くなるケースもあります。体脂肪は5〜30％くらいのばらつきがあるからです。

　タンパク質は筋肉だけに見られるものではありません。骨や臓器、皮膚もタンパク質でできています。そのため、成長期にはタンパク質が必要です。成長しなくなった成牛でも、一定の期間をおいて細胞が入れ替わるため、その新陳代謝にもタンパク質が必要です。牛乳のタンパク質含量も3％以上です。

　このように、乳牛の生体維持、成長、乳生産、すべてにおいてタンパク質は必要とされており、飼料設計でタンパク質を十分に供給しているかどうかを確認することは重要です。

## ▶タンパク質の特徴

　エネルギーの代謝と比較して、タンパク質の代謝には、いくつか大きな違いがあります。その一つは、基本的に「保存が効かない」というものです。デンプンや糖分といった炭水化物を過剰に摂取して、血糖値が上がりそうになった場合、余剰分は「グリコーゲン」や「脂肪」として一時的に蓄えることができますし、後で必要になれば簡単に使うことができます。「グリコーゲン」というのは、家のタンスの引き出しに入れているお金のようなものです。使おうと思えばすぐに使えます。それに対して、「脂肪」は銀行に預けているお金のようなものです。銀行預金は、ATMカードと暗証番号があれば、いつでもお金を下ろせます。同様に、ホルモンの働きを介して体脂肪を動員すれば、いつで

もエネルギー源として利用することができます。

　しかし、タンパク質は異なります。動物の体には、過剰に摂取したタンパク質を貯めておく機能がありません。筋肉や骨、臓器、すべてタンパク質でできていますが、これは「余剰分を貯めておく」ものではありません。例えて言うなら、「貯金」ではなく「生活必需品」です。どうしても必要になれば、生活必需品を換金することは不可能ではありません。しかし、それは非常事態にのみ考えることです。

　長期間の闘病生活をした人は、筋肉が落ちてしまうケースがあります。乳牛でも、分娩直後の数週間で筋肉の量が減少する場合があります。これは「蓄えたもの」が使われるというよりは、生活に困って、生活必需品をメルカリで売っているようなものです。


　運動選手やボディビルダーは筋肉を付けるためにプロテイン（タンパク質）を飲みますが、運動してプロテインを飲むから筋肉が付くのであって、運動をしない人がプロテインを飲んでも筋肉隆々の体を手に入れることはできません。過剰に摂取したタンパク質が、筋肉として蓄積されるわけではないからです。

　それでは、余分に摂取したタンパク質はどうなるのでしょうか。エネルギー源として使われたり、窒素（N）の部分は尿素となり排泄されます。タンパク質は、生モノの食材に似ています。料理に使われなかったものは、ゴミ（食品ロス）となり廃棄されてしまいます。


　タンパク質は貯めておけないため、毎日の飼料設計で過不足なく供給することが必要になります。足りなければ生産性が低下しますが、過剰であればムダになります。ここがタンパク質の栄養の難しいところです。

　タンパク源となる飼料原料は、エネルギー源となる飼料原料よりも高価です。タンパク不足になれば、乳牛は「生活必需品」である自分の筋肉を切り崩して「換金」せざる得ないため、タンパク不足は避けるべきです。しかし、必要な量を計算せずに、高価な食材を大量に仕入れて生ゴミにするようなこともしたくありません。タンパク質は、過不足なく適量を与えることが必要になります。

タンパク質に関してもう一つ考えるべきことは、乳牛が必要としているのは
タンパク質ではなく、アミノ酸だという点です。タンパク質は20種類のアミ
ノ酸からできています。乳牛をはじめ動物は、タンパク質を一度消化してアミ
ノ酸にして、そのアミノ酸を吸収し、アミノ酸から体内で必要なタンパク質を
作り直します。タンパク質をタンパク質のまま吸収して利用するわけではあり
ません。これは再生紙の作り方と似ている部分があります。新聞紙・雑誌など
の古紙から再生紙を作る場合、まず古紙をドロドロに溶かしてパルプなどの植
物繊維を抽出するそうです。そして、そのパルプから紙を作り直し、それが再
生紙と呼ばれます。新聞紙が、そのまま再生紙としてリサイクルされるわけで
はありません。同じように、動物が摂取したタンパク質も、一度アミノ酸を"抽
出"（消化・吸収）してから、体内でタンパク質を再合成します。

## ▶タンパク質の専門用語

　乳牛の飼料設計をする場合、いくつかの「専門用語」を理解する必要があり
ます。本書の第2部の対象読者である「飼料設計初心者」にぜひ知っておい
てもらいたい、必要最小限のタンパク質の専門用語があります。それは、CP、
RDP、RUP、MP の四つです。それぞれの用語について簡単に説明しましょう。

　一つ目の CP です。これは Crude Protein（粗タンパク）の略語です。
　タンパク質やアミノ酸は分析するのが難しく、正確に分析しようと思えば、
お金も時間もかかります。そのため、粗飼料の栄養価を知るために、タンパク
質やアミノ酸を分析することは非常に稀です。しかし、飼料原料にタンパク質
がどれだけ含まれているのか「おおよその値」がわからなければ、飼料設計は
できません。その妥協の産物として使われているのが CP です。
　これは、飼料原料にどれだけの窒素（N）が含まれているのかを分析し、そ
れに6.25をかけたものです。なぜ6.25をかけるのか？　それは、タンパク質
の約16%が窒素だからです。もし、ここに窒素含量が10%の飼料原料がある
とします。6.25をかけるとタンパク質含量62.5%です。窒素含量が4%の飼料

原料であれば、そのタンパク質含量は 25% になります。

　正確には、どういうアミノ酸がタンパク質を構成しているかにより、タンパク質の窒素含量も変わります。常に 16% ピッタリというわけではありません。しかし、ここでの目的は「おおよその値」を知ることです。そこで、簡単に定量分析できる窒素含量を分析し、それに 6.25 をかけた値を、だいたいのタンパク質として考えようということで、粗タンパク（CP）と呼んでいます。

　二つ目と三つ目の専門用語は RDP と RUP です。これらは、それぞれ Rumen Degradable Protein（ルーメンで分解されるタンパク質）と Rumen Undegradable Protein（ルーメンで分解されないタンパク質）の略語です。

　反芻動物である乳牛の場合、タンパク質の利用の仕方に、一つ重要な特徴があります。エサとして摂取したタンパク質をそのまま消化・吸収しないという点です。乳牛が摂取するタンパク質の約 2/3 は、ルーメン微生物により分解されてしまいます。その一部はペプチドやアミノ酸になりますが、大部分はアミノ酸を通り越して、アンモニアにまで分解されてしまいます。そして、分解してできたペプチドやアミノ酸、アンモニアを利用して、微生物が増殖・成長して微生物タンパクを作ります。先ほど、乳牛のタンパク代謝は、古紙から再生紙を作るのに似ているという話をしました。それとまったく同じことが、ルーメンに棲んでいる微生物の体の中でも繰り広げられているのです。ペプチドなり、アミノ酸なり、アンモニアなり、窒素（N）を何らかの形で抽出して利用するのです。そのため、乳牛の飼料設計では、エサとして与えるタンパク質が、どれだけルーメンで分解されてしまうのか（RDP）を知る必要があります。

　ルーメンで分解されずに小腸にたどりつくタンパク質が RUP です。100 から RDP% を差し引いた値が RUP% になります。RUP は、俗に「バイパス・タンパク」とも言われますが、物理的にルーメンをバイパスして小腸に行くわけではありません。RUP（バイパス・タンパク）もルーメンに入りますが、結果的に分解されずにルーメンから出てきます。そのため、バイパス・タンパクという呼び方は一般化していますが、誤解を生みます。英語では「エスケープ・

タンパク」という言い方をする場合もあります。直訳すると「逃げるタンパク質」です。ルーメン微生物に攻撃されないうちに小腸へ逃げる、というニュアンスでしょうか。「バイパス」という言葉より「エスケープ」と言うほうが、メカニズムとしては正確かもしれません。いろいろな語句がありますが、本書では、RUP という呼び方で統一したいと思います。

　四つ目の専門用語は MP です。これは、Metabolizable Protein（代謝タンパク）の略語です。

　乳牛が利用できるタンパク質は、アミノ酸として小腸で吸収したものですが、それが MP です。乳牛に、CP や RDP、RUP の要求量は存在しません。これら三つの専門用語は、飼料原料のおおよそのタンパク質含量や大まかな特性を知るために作られた指標であり、乳牛自身が CP や RDP、RUP を必要としているわけではありません。乳牛が必要としているのは MP です。そのため、乳牛の飼料設計では、体重や泌乳量などに応じて、乳牛が必要としている MP を計算します。そして、その MP 要求量を充足させられるような飼料設計をするわけです。**図 2-2-1** に示したように、MP は主に微生物タンパクと RUP からできているため、具体的には、それぞれの量を予測することが必要になります。

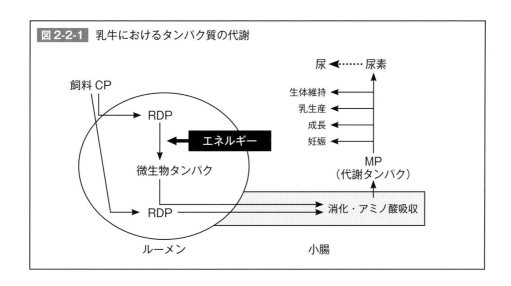

**図 2-2-1**　乳牛におけるタンパク質の代謝

## ▶ RUP 値が高い飼料原料

　皆さんが飼料設計をした場合、どれくらいの微生物タンパクがルーメンで作られるのか？ エサとして摂取したタンパク質のうち、どれくらいがルーメンで分解されずに小腸にたどり着き RUP と見なされるのか？ その計算方法に関しては第3部で簡単に説明したいと思います。このたぐいの計算は飼料設計ソフトがやってくれるので、第2部の対象読者の方は、具体的な計算方法はわからなくても良いと思います。しかし、どういう飼料原料は RUP 値が低く、どういう飼料原料は RUP 値が高いのかを理解しておく必要があります。

　高泌乳牛の栄養管理で、微生物タンパクだけで MP の要求量を充足させることは不可能です。言い換えると、RUP を十分に給与しなければなりません。そのため、飼料原料の特性を理解しておく必要があります。飼料設計ソフトは、自動的に飼料原料まで選んでくれません。これは人間の仕事です。RUP 値が高い飼料原料を知らなければ、高泌乳牛の飼料設計をすることはできません。

　一般的に、粗飼料は RUP 値の低い飼料原料です。とくにサイレージは、発酵の過程でタンパク質が分解されてしまっており、その大部分が RDP だと考えてよいでしょう。

　飼料設計でタンパク質源として最も広範に使われているのは大豆粕です。私が住んでいるカナダでは、大豆よりもカノーラ（ナタネ）が主産物なので、ナタネ粕が乳牛の主なタンパク源です。大豆もナタネも、油とタンパク質が多い農産物です。そこから油を搾り取るとタンパク質が残り、タンパク質含量の高い副産物ができ、これが大豆粕やナタネ粕と呼ばれています。これらの飼料原料も RUP 値は低いです。

　ここで誤解を避けるために言いますが、RUP 値が低いのは悪いことではありません。ある意味、RUP というのは消化されにくいタンパク質です。粗飼料や大豆粕などから供給されるタンパク質は消化されやすく、ルーメン微生物にとって必要なものです。しかし、RUP が低い飼料原料だけを使っていては、

乳牛のMP要求量を充足させにくいと言えます。

　それでは、RUP値が高いのは、どのような飼料原料でしょうか？　それは、何らかの熱が加えられた飼料原料です。例えば、大豆粕でも、意図的に熱を加えればタンパク質の一部が変性して消化されにくくなり、RUP値が高くなります。いろいろな飼料メーカーがRUP値を高くした大豆粕を販売しています。

　熱を加えられた飼料原料は、ほかにもあります。ディスティラーズ・グレイン（DDGS）です。これはコーンからエタノールを取った後に残る副産物ですが、エタノールを取った直後は液状です。運搬を容易にするため、加熱して乾燥させます。乾燥させる前のディスティラーズ・グレインはRUPが低い飼料原料ですが、熱を加えることでRUP値の高い飼料原料に生まれ変わります。

　あと、コーン・グルテン・ミールもRUP値の高い飼料原料の代表格です。

　このように、RUP値が高い飼料原料がどれかを知っていれば、価格や入手しやすさに応じて、飼料設計に組み込み、MPの要求量を充足させるように考えられます。

　ちなみに、熱を加えるというのはリスクも伴います。熱を加えすぎれば、ルーメンで分解されにくくなるだけでなく、小腸でも消化されにくくなり、糞として排泄されてしまいます。焦げてしまったタンパク質は消化できないからです。RUP値の高い飼料原料を使う場合は、小腸できちんと消化されるのかもチェックする必要があります。

## ▶アミノ酸バランス

　乳牛が必要としているのは、タンパク質ではなく、タンパク質を構成しているアミノ酸です。タンパク質は消化器官で消化されアミノ酸になり、乳牛はアミノ酸を体内に吸収します。そして、吸収したアミノ酸を使って筋肉を作ったり、乳タンパクを作ります。

　便宜上、乳牛が必要としているアミノ酸の需要と供給のバランスをCPや

MPという単位を使って計算していますが、乳牛が実際に必要としているのは
アミノ酸です。乳牛が必要としているアミノ酸をきちんと供給していれば、た
とえCPやMPが「足りない」ように見えても、乳牛の生産性が低下すること
はありません。その反対に、乳牛が必要としているアミノ酸を供給できなけれ
ば、表面上CPやMPの要求量を充足させていても、乳牛の生産性は低下します。

　乳牛が乳タンパクを作るのは、車の製造過程に似ているかもしれません。車
を作るには数万点という多量の部品が必要であり、部品の合計重量は1500kg
くらいになります（車種にもよりますが）。しかし、それぞれの必要な部品を
バランス良く用意しなければ、車は作れません。大雑把な例えで言うと、車
を1台作るには、ハンドルは一つ、車輪は四つ必要です。ハンドルだけを
1500kg用意しても車は作れません。車を作るのに、それぞれの部品が適量で
必要なのと同様、乳タンパクを作るのにもアミノ酸が適量必要になります。ア
ミノ酸のバランスを考えずに、CPやMPという単位だけで乳牛のタンパク質
の要求量を充足させようと考えるのは、部品の合計重量だけを計算して、部品
が足りている、足りていないと言っているようなものです。いわゆる「常識的
な」飼料設計をしていれば、ハンドルやタイヤだけを1500kg用意するような
極端なことはしないかもしれません。しかし、乳牛が本当に必要としているの
は各種のアミノ酸であり、アミノ酸をバランス良く供給することが大事だとい
う認識を持つ必要があります。

　それでは、牛乳に含まれているアミノ酸の中で、最も量が多いアミノ酸は何
でしょうか？
　「リジンとかメチオニンというアミノ酸が制限アミノ酸になる」という話を
聞かれたことがあるかと思いますが、乳タンパク中の割合は、リジンで約9％、
メチオニンは3％程度です。実は、乳タンパクの中で最も量が多いのはグルタ
ミン、グルタミン酸で、二つを合計すると約20％を占めます。グルタミンや
グルタミン酸は必須アミノ酸ではありません。乳牛の体内で合成できるアミノ
酸なので、原則、これらのアミノ酸が足りなくて乳が生産できなくなるという

| 表2-2-1 | 牛乳、大豆粕、DDGS、ルーメン微生物の必須アミノ酸組成 | | | |
|---|---|---|---|---|
| | 牛乳<br>(% CP) | 大豆粕<br>(% CP) | DDGS<br>(% CP) | ルーメン微生物<br>(% AA) |
| メチオニン | 3.0 | 1.4 | 2.0 | 2.5 |
| リジン | 8.8 | 6.2 | 2.8 | 7.7 |
| ヒスチジン | 2.9 | 2.6 | 2.7 | 1.9 |
| バリン | 6.9 | 4.8 | 4.9 | 5.7 |
| ロイシン | 10.6 | 7.6 | 11.7 | 7.9 |
| イソロイシン | 6.2 | 4.5 | 3.7 | 5.7 |
| スレオニン | 4.6 | 4.0 | 3.7 | 5.3 |
| トリプトファン | 1.7 | 1.4 | 0.8 | 1.2 |
| フェニルアラニン | 5.3 | 5.0 | 4.9 | 5.4 |
| アルギニン | 3.8 | 7.3 | 4.3 | 4.7 |

※ CP：粗タンパク、AA：アミノ酸

事態にはなりません。車の例えで言うと、ボルトやナットのようなものかもしれません。部品数としては多くても、ナットが足りなくて車の生産が滞るという話は聞いたことがありません。

2021年以降、コロナ禍の影響で、半導体の生産・供給が滞り、車の生産台数が制限されるという事態が起きました。重量で考えると、半導体の重さなど知れています。しかし車を作るのに必要不可欠な部品であるため、各メーカーは生産台数を減らさざるを得ませんでした。車のほかの部品がどれだけあっても、半導体が足りなければ車は作れないからです。

同じように、乳タンパクを作る場合でも、量としては3%程度ですが、メチオニンが足りなければ乳タンパクの生産が滞ってしまいます。メチオニンは乳牛の体内で作れないため、「輸入」つまり体外から栄養素という形で摂取しなければならないのです。簡単に「国内で調達できる」部品ではありません。

簡単に比較できるように、牛乳、大豆粕、DDGS、微生物タンパクのおおその必須アミノ酸組成を**表2-2-1**に示しました。大豆粕とDDGSは、乳牛の

飼料原料の代表ということで比較に含めました。牛乳というのは、必須アミノ酸を多く含む良質のタンパク源です。大豆やDDGSなどの「植物性タンパク質」に含まれているアミノ酸だけで、乳牛が必要としているアミノ酸をすべて供給することは不可能です。乳牛は植物性タンパク質しか摂取しない「ヴェジタリアン」かもしれませんが、ルーメンでは一度摂取したタンパク質が分解され、微生物タンパクが合成されます。乳タンパクほどではないものの、微生物タンパクには必須アミノ酸が多く含まれています。ルーメンで微生物タンパクをたくさん作れれば、エサに含まれる以上の必須アミノ酸を供給できます。

しかし、その良質な微生物タンパクでも、メチオニン濃度は2.5％程度です。乳タンパクのメチオニン濃度である3％には及びません。乳牛のタンパク源として最も広範に使われている大豆粕のメチオニン濃度は1.4％です。加工してRUP％を高めても、メチオニン濃度は増えません。そのため、ほかのアミノ酸は足りているのに、メチオニンは供給量が不足しがちになります。これが、メチオニンが制限アミノ酸とされる理由です。いわば、乳牛の半導体です。

それでは、乳牛が必要としているアミノ酸を供給するには、バイパス・アミノ酸のようなサプリメントに頼る必要があるのでしょうか？　アミノ酸のサプリメントを使うことは、乳牛のアミノ酸要求量を充足させる一つの方法ですが、その前に考えることがいくつかあります。

最初に考えることは、タンパク質全体の給与量を上げることです。アミノ酸の割合（％）が理想的でなくても、供給量を高めれば何とかなります。しかし、そうすれば、ほかのアミノ酸は過剰供給になります。すでに説明したように、乳牛は過剰供給されたアミノ酸を貯めておくことができません。廃棄されることになります。そのため「量でなんとかする」というアプローチをとる場合、飼料コスト的に見合うのか、あるいはタンパク質の過剰給与に伴う弊害が出てこないか、などを検討する必要があります。

アミノ酸サプリメントに頼る前に考えるべき二つ目のポイントは、ルーメン

発酵を最適化することです。乳牛が小腸で消化・吸収するタンパク源の中で、アミノ酸バランスに最も優れ、必須アミノ酸を多く含むのは微生物タンパクです。ルーメンで微生物タンパクがたくさん作られるような飼料設計ができればアミノ酸バランスは自然と改善されます。微生物タンパクの合成を最大にするためには、炭水化物のバランスを考慮し、ルーメン発酵を最適化することが求められます。この点は次章で詳述したいと思います。

　ルーメン発酵を最適化した後に考えるべきことは、RUPのアミノ酸バランスを考えることです。飼料原料には、アミノ酸バランスに一定の特徴があります。詳細な計算は飼料設計ソフトに任せるとしても、人間が適切な飼料原料を選んで、ある程度の方向性を示さなければ、飼料設計はとても難しいモノになります。
　一般的に、マメ科の植物を原材料として生産される副産物飼料は、微生物タンパクほどではないもののリジンが高い傾向があります。熱加工してRUP%を高めた大豆粕などは、良いリジン源となります。それに対して、コーンのようにイネ科の植物から生産される副産物飼料はリジン濃度が低く、メチオニン濃度が高いという特徴があります。DDGSやコーン・グルテン・ミールといった飼料原料が、これに該当します。

　リジン濃度が高い飼料原料を選ばなければ、リジンの要求量を充足させることはできません。同じように、メチオニン濃度が高い飼料原料を使わなければ、どんなに最新の飼料設計ソフトを使ってもメチオニンの要求量を充足させることはできません。だいたいでよいのです。この飼料原料はメチオニンが高め……、あの飼料原料はリジンが高め……という知識があれば、アミノ酸バランスを考慮した飼料設計が容易になります。

## ▶タンパク質の栄養の前提条件

　ここまでタンパク質の栄養特性に関して解説してきましたが、最後に注意すべきことを一つ書きたいと思います。タンパク質が足りているかどうか、アミノ酸バランスはどうか、などの議論は、すべてエネルギー要求量が充足されていることが前提です。エネルギーが足りなければ、タンパク質がエネルギー源として使われてしまうからです。動物はエネルギーが足りなければ、タンパク質をエネルギー源として使う、別の言い方をすれば「燃やしてしまう」という暴挙に出ます。燃えてしまえば、タンパク質・アミノ酸を、筋肉としても乳タンパクとしても利用できなくなってしまいます。

　エネルギーというのは、毎日の生活に絶対に必要なものです。それに対してタンパク質は乳生産や成長には必要不可欠ですが、生体維持という視点から考えると優先度が低くなります。長期的なタンパク質不足は、乳牛の生体維持にも悪影響を与えるかもしれません。しかし、タンパク質が足りないからといって、牛がすぐに死んでしまうわけではありません。しかし、エネルギーは違います。エネルギーは、毎月の家計の中で「食費」に相当する部分かと思います。食費分以上の収入があれば、時々プチ贅沢をしたり、趣味にお金を使ったり、あるいは子どもに習い事をさせたり……といった余裕ができます。こういった「生活を豊かにするための支出」は、タンパク質に似ています。生活を楽しむためには必要不可欠です。しかし、生きていくための最低限の生活をするという視点から考えると、どうしても優先度が低くなります。

　同じように、乳牛がエネルギーを十分に摂取できていれば、その乳牛の生産性を高めるカギは、タンパク質・アミノ酸になります。しかし、エネルギー不足の牛にアミノ酸バランスを考えたタンパク質を供給しても意味はありません。高価なアミノ酸も、エネルギーとして燃やされてしまいます。給料日までの食費が足りるかどうか定かではない状態の人に、「温泉旅行にでも行ってください」といって数万円渡しても、そのお金が温泉旅行に使われることはない

と思います。食べものを買うために使われるか、借金の返済に使われるだけでしょう。成長であれ、産乳であれ、乳牛の生産性を高めるためにタンパク質・アミノ酸は重要です。しかし、エネルギーが足りているかどうかも怪しい乳牛の栄養管理で、アミノ酸バランスを気にすることは本末転倒です。

# 第3章　炭水化物を理解しよう

　乳牛へのエネルギー供給を考えるうえで、最も大切なのは炭水化物です。炭水化物とは何か？　と聞かれて、皆さんはどう答えますか？「ごはん」と言う人もいれば、「パン」や「うどん」を思い浮かべる人もいると思います。いわゆる主食になるものです。なぜ人間の主食になるのでしょうか？　それは最も安価なエネルギー源だからです。

　乳牛の飼料設計でも同じです。炭水化物（センイ、デンプン、糖）は乳牛が摂取する栄養の約70%を占めています。炭水化物は、タンパク質や脂質といったほかの栄養素と比較し、最も安価なエネルギー源となるため、乳牛の飼料設計では炭水化物の使い方をしっかり理解することが必要です。

　乳牛には、その体重や乳量に応じてエネルギーの要求量がありますが、「炭水化物をどれだけ摂取しないといけない」というような炭水化物の要求量はありません。しかし、炭水化物は最も安価なエネルギー源です。できるだけ多くの炭水化物を給与すれば、飼料コストを下げることができるため、炭水化物の給与量が最大になるような設計をすることが一般的です。

　炭水化物にはいろいろなタイプがあり、デンプンや糖だけではなく、センイも炭水化物の一つです。乳牛には、デンプンからどれくらいのエネルギーを摂取しなければならない、センイはどれだけ摂らなければいけないといった要求量もありません。炭水化物から最大のメリットを得るために、考えなければいけないのは「バランス」です。具体的に考えてみましょう。

## ▶エネルギー源としての炭水化物

　センイ、デンプン、糖、この三つが乳牛の摂取する炭水化物ですが、誤解を恐れずにあえて率直に言うと、この三つの炭水化物のなかで一番大事なのはデンプンだと私は考えています。

　反芻動物にとって、センイは主要なエネルギー源だと考えられる方は多いと思います。確かに、自給粗飼料基盤の地域では、センイを多く含む粗飼料が最も安価な飼料原料かもしれません。しかしセンイは消化率が低いため、1kg当たりで見た値段は安くても、エネルギー１カロリー当たりで見た値段が必ずしも安くなるとは言えません。それに対してデンプンは、通常95％以上が消化され、エネルギー１カロリー当たりの値段は最も低くなるケースが多いと思います。それぞれの地域によって入手できる飼料原料やその価格が異なるため、例外はあるかもしれません。しかし一般論として、デンプンは乳牛にとって最も安価なエネルギー源と言ってよいかと思います。

　さらに、高泌乳牛の場合、野生の反芻動物とはエネルギーの要求量がまったく異なります。消化率の低いセンイだけでは十分なエネルギーを摂取することができません。高乳量の維持にはデンプンの摂取が必要なのです。拙著『ここはハズせない乳牛栄養学①』で詳述しましたが、乳生産には乳腺での乳糖の生成が必要であり、乳糖を作るためにはグルコースが必要です。センイがルーメンで発酵すると、酢酸や酪酸として乳牛の体内に吸収されます。酢酸や酪酸はエネルギー源になりますが、乳牛はそれらからグルコースを作ることができません。それに対して、デンプンがルーメンで発酵するとプロピオン酸がルーメンで生成され、血液中に吸収されます。プロピオン酸はグルコースになるため、乳糖の生成を増やし、乳量を高める直接の効果があります。これも、高泌乳牛の飼料設計でデンプンに頼るべき理由です。

　基本的に、デンプンの給与量を増やせば増やすほど、乳牛のエネルギー摂取量は増えますし、乳量も高くなります。しかし高泌乳牛といえども、それは反

　芻動物です。これまでの数千万年の進化の歴史で、反芻動物はセンイからエネルギーを得る消化・代謝システムを作り上げてきました。人間のエネルギー源であるはずのデンプンを、エネルギー効率が良いという理由で乳牛に与えるようになったのは、ごく最近のことです。当然、乳牛の体はデンプンだけをエネルギー源として100％利用できるような構造にはなっていません。デンプンを多く給与したほうが経済的ですが、一線を越えてしまうと、乳牛の体に大きな負担がかかります。

　自動車の燃料にも、軽油とガソリンの2種類があります。軽油のほうが熱効率が高く、燃費も良いですが、ガソリン車に軽油を入れればエンジンが壊れてしまいます。これは、反芻動物へのデンプン給与に似ているかもしれません。軽油の場合、ごく少量であっても故障の原因になるかもしれません（試したことがないのでわかりませんが）。しかしデンプンの場合、与え過ぎない限り、一定の給与範囲内であれば乳牛が「故障」することはありません。故障しない範囲で、いかに乳牛の燃費を高めるか、ここがデンプン給与のポイントになります。

　乳牛にデンプンの要求量というものは存在しませんし、デンプン給与の理想値というものも確立されていません。強いて言えば、「可能な限り最大に……」と考えてよいと思います。

　実際の飼料設計で、デンプンの給与量は25％（乾物ベース）くらいが標準ではないかと思います。しかし、これはデンプンの理想濃度ではありませんし、安全な最大給与量でもありません。デンプン25％で乳牛が「故障」してしまうケースもあれば、デンプン30％でも乳牛の調子が良い場合もあります。飼料設計のデンプン濃度に「ここまでは安全」「この線を越えればダメ」といった絶対値は存在しません。ケース・バイ・ケースですが、デンプンの安全な給与量を決めている要因をしっかりと意識する必要があります。それは、粗飼料センイとのバランスです。

## ▶デンプン vs. 粗飼料センイ

まず最初に、飼料設計中の粗飼料センイ（NDF）の計算方法を説明しましょう。

例えば、グラス・サイレージを乾物ベースで50％給与している飼料設計を想定してください。給与している粗飼料はグラス・サイレージだけで、そのNDF含量が60％だとします。飼料設計中の粗飼料NDF含量は、50％×60％＝30％になります。もし、NDF含量が40％のアルファルファ乾草を20％、NDF含量が45％のコーン・サイレージを30％給与しているなら（いずれも乾物ベース）、飼料設計中の粗飼料NDF含量は（20％×40％）＋（30％×45％）＝21.5％になります。

乳牛の飼料設計にあたって、炭水化物で一番大事なデータは「デンプン」と「粗飼料センイ」です。デンプンをどれだけ飼料設計に問題なく含められるかは、粗飼料センイがどれだけ入っているかによって決まるからです。**図 2-3-1** に指標を示しましたが、ここで注意していただきたいのは、Y軸に示されているのが粗飼料センイの最低値、言い換えると、どんなことがあっても、最低、こ

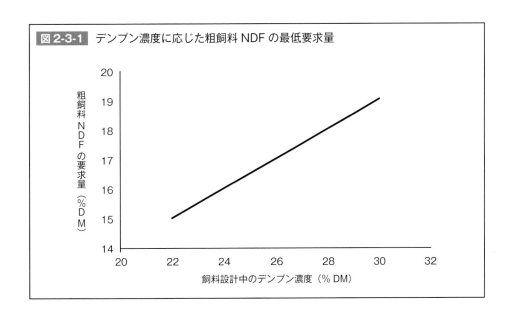

図 2-3-1 デンプン濃度に応じた粗飼料 NDF の最低要求量

れだけの粗飼料センイは給与しなければいけないという値です。推奨値ではありません。

具体的に言うと、飼料設計中のデンプン濃度が22%であれば、粗飼料センイは少なくとも15%以上であるべきだということです。もし、飼料設計中のデンプン濃度が26%であれば、粗飼料センイは少なくとも17%以上であるべきだということです。これでは少ないのでは？　と考えられる方もおられるかと思いますが、これはあくまでも最低値です。

なぜ、デンプンと粗飼料センイのバランスが大事なのでしょうか？『ここはハズせない乳牛栄養学①』でも説明しましたが、ルーメン発酵では二つの力が戦い、せめぎあってpHが決まります。一つは、ルーメンに入ったものが発酵してpHを下げようとする力です。この力の一番の目安は、飼料設計中のデンプン濃度です。正確には、デンプン源となる穀類のタイプや加工方法によってpHを下げる力にバラツキがありますが、飼料設計での一番簡単な目安はデンプン％です。それに対して、ルーメンには発酵酸を中和してpHを上げようという力も働きます。これは、主に唾液に含まるバッファー成分が持つ力です。牛が反芻して唾液を分泌すればするほど、ルーメンのpHを上げる力は強くなります。この力の一番の目安は粗飼料センイです。粗飼料センイは物理的な刺激をルーメンに与え、牛に反芻させる力を持っているからです。正確には、粗飼料センイの切断長（パーティクル・サイズ）によって、pHを上げる力にはバラツキがあります。しかし、ルーメンpHを予測する一番簡単な指標は、飼料設計中のデンプンと粗飼料センイ含量であり、そのバランスを取ることは炭水化物の栄養管理では最も重要だと言えます。

飼料設計で粗飼料NDFがどれだけあれば十分かを考えることは、何点取れば野球の試合に勝てるかに似ています。日本ハムとソフトバンクの3連戦で、下記のような試合結果だったと仮定して考えてみてください。

日本ハム 3─2 ソフトバンク
　　日本ハム 3─7 ソフトバンク
　　日本ハム 9─8 ソフトバンク


　　日本ハムは何点取れば、試合に勝てるのでしょうか？ 投手陣がソフトバンクの得点を 2 点に抑えれば、3 点取れば勝てます。しかし 3 点取れば、すべての試合に必ず勝てるわけではありません。もし投手陣が打ち込まれて 7 点取られてしまえば、同じ 3 点を取っても試合には負けます。しかし、相手にそれ以上の点数（例えば 8 点）を取られても、それ以上の得点をすれば試合に勝てます。


　　飼料設計中の粗飼料 NDF 含量も、何％あれば大丈夫！ という絶対的な基準はありません。いわば「試合相手」であるデンプン濃度次第です。
　　デンプン濃度をなるべく低くすれば……、あるいは粗飼料 NDF をなるべく高めれば……、このように考えれば安全な飼料設計ができるかもしれません。しかし、乳牛の飼料設計でデンプン濃度を低めれば乳量も低くなりますし、粗飼料 NDF を過給すれば牛は喰い込めません。DMI が低くなり乳量も低下します。そのため、できる限り、デンプン濃度を高め、粗飼料 NDF を低くすることが高乳量につながります。つまり、なるべく高いレベルで「デンプン」と「粗飼料 NDF」のバランスが取れれば、それがベストです。牛やルーメンの健康を害することなく、乳量を最大にできるからです。
　　野球の試合でも、10 － 0 の試合を見ているより、7 － 6 くらいの競った試合を見ているほうが楽しいものです。それと同じようなもの……ではありませんが、得点差の少ない試合ほど、監督の采配が結果を左右すると思います。試合に負けてしまえば元も子もありませんが……。
　　「安全」な飼料設計は簡単です。しかし、得られるものも少なくなります。高レベルでバランスを取る飼料設計は、飼料設計者の知識・技術・経験が求められると言ってもよいでしょう。

　デンプンと粗飼料NDFのバランスを取ることでルーメン発酵を最適化できれば、タンパク質の供給にもプラスになります。前章で述べましたが、ルーメン微生物には良質のアミノ酸が多く含まれ、ルーメン微生物の合成を高めれば高めるほど、乳牛が小腸で吸収できる制限アミノ酸が増えます。

　ルーメンで発酵しやすいデンプンは、ルーメン微生物のエネルギー源ともなります。デンプンの給与量を高めれば、微生物タンパクも増殖しやすくなります。しかし、デンプンを多給することでルーメンpHが低下してしまえば、それは微生物にとって劣悪な環境になってしまいます。微生物は、サバイバルのためにエネルギーを浪費するため、発酵エネルギーを増殖（タンパク合成）のために効率良く使えなくなります。つまり「デンプンを多給しつつ、ルーメンpHを低下させない」という、一見矛盾しているように思えることが両立できれば、微生物タンパクの合成量を最大にできます。いわば、デンプンから良質のアミノ酸を作れるのです。

　デンプンは比較的安価な栄養素です。それに対してアミノ酸は高価な栄養素です。「デンプンを多給しつつ、ルーメンpHを低下させない」ポイントは、デンプン濃度に見合った粗飼料NDFを供給することです。炭水化物のバランスは、乳牛の生産性を維持しつつ、飼料コストを下げることにも貢献します。

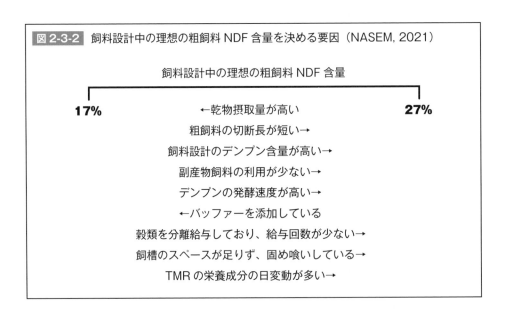

**図 2-3-2**　飼料設計中の理想の粗飼料NDF含量を決める要因（NASEM, 2021）

飼料設計中の理想の粗飼料NDF含量

17%　　　　　←乾物摂取量が高い　　　　　27%
粗飼料の切断長が短い→
飼料設計のデンプン含量が高い→
副産物飼料の利用が少ない→
デンプンの発酵速度が高い→
←バッファーを添加している
穀類を分離給与しており、給与回数が少ない→
飼槽のスペースが足りず、固め喰いしている→
TMRの栄養成分の日変動が多い→

飼料設計中の理想の粗飼料 NDF 含量を決める要因は、TMR のデンプン含量だけではありません。粗飼料 NDF の実際の給与量は 17 〜 27％の範囲内で考えることが多いかと思いますが、デンプン含量以外で考慮すべきポイントを**図 2-3-2** にまとめました。粗飼料 NDF は、給与し過ぎれば乾物摂取量や乳量を下げますが、足りなければアシドーシスのリスクを高めてしまいます。

　どの農場でも通用する共通の理想値は存在しません。飼料設計だけでなく、粗飼料のパーティクル・サイズや飼槽スペースが十分にあるかどうかなど、栄養管理のさまざまな要因により理想値が上下することを理解しておく必要があります。

## ▶粗飼料給与の下限値

　乳牛の栄養管理では "常識" と考えられていることが、いくつかあります。その一つが、「ルーメン機能を維持するためには、粗飼料を十分に給与しなければならない」という考え方です。この考え方、それ自体は正しいと思いますし、自給粗飼料が飼料基盤になっている農場では、粗飼料をたくさん給与して乳量を維持できれば、飼料コストを下げ、収益を高めることもできます。しかし、輸入乾草に頼った飼料基盤の農場では、粗飼料の給与量をどこまで安全に下げることができるのか……粗飼料給与の下限値を考えなければならないケースがあります。粗飼料の給与が飼料コストを高くする場合があるからです。さらに、粗飼料生産地の気象条件（干ばつ、洪水）や流通の問題などで、必要としている粗飼料が十分に確保できない場合もあります。


　乳牛の炭水化物の栄養について考える場合、センイ源となる粗飼料の役割を正しく理解することが必要になります。乳牛の健康を維持するためには一定量を給与しなければならない粗飼料ですが、粗飼料給与に「絶対にこれだけは必要！」という下限値はあるのでしょうか？ 泌乳牛の飼料設計では、粗飼料の給与量をどこまで低められるのでしょうか？ 粗飼料の給与量の低い飼料設計をする場合、どのような点に注意すればよいのでしょうか？

　カナダのマニトバ大学の研究グループが、非常に興味深い研究を発表しました。6週間かけて、乾草の給与量を50%から10%に減らしていくときに、ルーメンpHや乳脂率にどのような変化が起こるかを観察したのです（**表2-3-1**）。この試験では、濃厚飼料を飼料設計全体の50%給与し、残りの50%を乾草かデハイ・ペレットの割合を変えて給与しました。濃厚飼料の給与量は常に50%であったため、すべての飼料設計で、デンプン濃度は約22%です。

　乾草もデハイ・ペレットもアルファルファなので、NDFやCP含量などの化学的な栄養成分は同じですが、物理性が異なります。粗飼料(乾草)には咀嚼・反芻を促進する力がありますが、パーティクル・サイズの小さいデハイ・ペレットには、その力がなく、粗飼料と位置付けることはできません。粗飼料（乾草）の給与量を少なくすればルーメンpHも乳脂率も下がりますが、ここで注目したいのは、その下がり方です。

　乾草の給与量を50%から34%まで下げた段階では、ルーメンpHも乳脂率も、ある程度は低下していますが、とりあえず乳脂率3%を維持し、ルーメンpHも6以上です。しかし、乾草の給与量が30%以下になると、ルーメンpHと乳脂率は激減しました。

　この試験は、粗飼料の給与量30%が"下限値"であることを示しています。これは、先ほど**図2-3-1**で紹介した粗飼料NDFの要求量とも一致します。

**表2-3-1** 乾草の給与量を下げたときのルーメンpHと乳脂率の変化

|  | 1週目 | 2週目 | 3週目 | 4週目 | 5週目 | 6週目 |
|---|---|---|---|---|---|---|
| 濃厚飼料、% | 50 | 50 | 50 | 50 | 50 | 50 |
| 乾草、% | 50 | 42 | 34 | 26 | 18 | 10 |
| デハイ・ペレット、% | 0 | 8 | 16 | 24 | 32 | 40 |
| 粗飼料NDF、% | 27.4 | 23.0 | 18.6 | 14.2 | 9.8 | 5.5 |
| ルーメンpH | 6.35 | 6.31 | 6.15 | 5.85 | 5.85 | 5.78 |
| 乳脂率、% | 3.22 | 3.19 | 3.10 | 2.89 | 2.53 | 2.32 |

飼料設計中のデンプン濃度が22%の場合、最低限必要な粗飼料 NDF は15%でした。**表2-3-1** に粗飼料 NDF％も示していますが、乾草の給与量が26%になった4週目の設計では、粗飼料 NDF も15%を下回り、ルーメン pH と乳脂率は激減しました。

　同様に、"粗飼料の下限値に挑戦する" というコンセプトから、副産物飼料を多く給与して、粗飼料の給与量を下げても大丈夫か……という研究も行なわれています。アメリカ酪農学会誌を調べてみると、ウエット・コーン・グルテンフィードをたくさん利用して、粗飼料の給与量を低めた研究のデータがいくつか報告されていますが、その一部を**表2-3-2** にまとめてみました。

　それぞれの試験で使われた乳牛のもともとの乳脂率がわからないため、この研究データの解釈には注意を要しますが、粗飼料の給与量が40%以下になっても、穀類の給与量を抑えるなどルーメンが発酵過剰にならないように注意すれば、乳牛の生産性と健康を維持できると考えられます。

　粗飼料の給与量を低くすると、ルーメン・アシドーシスのリスクが高まります。やむを得ない事情で粗飼料の給与量を減らさなければならない場合、アシドーシスを引き起こさないようにするには、どのような点に留意すればよいのか、いくつかの注意点をまとめてみました。

**表2-3-2**　ウエット・コーン・グルテンフィードを使った飼料設計での乳脂率

| | 粗飼料の給与量、％乾物 | 乳脂率、％ |
|---|---|---|
| ネブラスカ大学 | 37.8 | 3.84 |
| オハイオ州立大学 | 35.4 | 3.66 |
| ノースダコタ州立大学 | 29.6 | 3.48 |

**1 粗飼料のパーティクル・サイズ**：粗飼料の給与量の低い飼料設計では、粗飼料の"質"の基準が異なります。「消化性」ではなく、「物理性」が重要になります。乳脂率を維持するために、反芻・咀嚼を促進する物理的有効度の高いセンイを給与することが大切です。

**2 穀類の給与量**：穀類には、ルーメンでの発酵速度の速いデンプンがたくさん含まれています。穀類の給与量を減らし、豆皮やビート・パルプなど、センイ含量の高い副産物飼料の給与量を高めれば、粗飼料の給与量を減らしてもアシドーシスのリスクは高くなりません。

**3 穀類のタイプ**：穀類は、そのタイプや加工方法により、ルーメンでの発酵速度が大きく異なります。コーンは大麦よりも発酵速度が遅く、厚めの圧ペン・コーンはスチーム・フレーク・コーンよりも発酵が緩やかです。そして、コーン・ミール（粉砕コーン）であれば、粗粉砕したものは微粉砕したものよりもルーメンでの発酵度が低くなります。アシドーシスの原因となるのは、デンプンの給与量ではなく、デンプンの発酵量です。そのため、発酵速度の低い穀類であれば給与量を増やしてもアシドーシスのリスクを軽減できます。

　パーティクル・サイズが十分にある粗飼料をしっかり給与することは、栄養管理の定石です。しかし、飼料コスト、天候、災害などの事情により、粗飼料を十分に給与できないこともあります。そのようなケースでは、栄養管理のアプローチを柔軟に考えることが必要になります。

　乳脂率が多少低下しても、副産物飼料をたくさん利用して低粗飼料での栄養管理をしたほうが、飼料コストを大幅に下げられるかもしれません。研究データが不足しているため、粗飼料の給与量が30％以下になる飼料設計は勧められません。しかし、ルーメンが発酵過剰にならないように細心の注意を払えば、そして粗飼料NDFとデンプンのバランスに注意を払えば、粗飼料の給与量が40％以下になる飼料設計でも乳牛の栄養管理を行なうことは可能です。

## ▶ TMR と濃厚飼料分離給与

　図2-3-1で示した「飼料設計のデンプン濃度に応じた粗飼料 NDF の最低要求量」は、基本的に TMR での栄養管理を想定したものです。TMR 給与では、乳牛が摂取する一口一口にデンプンと粗飼料 NDF がバランス良く含まれています。つまり、デンプンを摂取すると同時に、粗飼料 NDF も適切な割合でルーメンに入ってくるわけです。

　しかし濃厚飼料を分離給与している農場の場合、デンプンがルーメンに入ってきても、必要とされる粗飼料 NDF が同時に入ってくるわけではありません。自動給飼機を使い、1日8回くらいに分けて濃厚飼料を給与できる農場では、あまり大きな問題にならないかもしれませんが、濃厚飼料を1日2～3回しか給与できない給飼体系の農場では、発酵ムラに注意しなければなりません。具体的には、デンプンを減らして、粗飼料 NDF を多めに給与することが求められます。

　乳牛は反芻動物です。反芻動物は、ルーメン微生物の働きによりエネルギーやアミノ酸などの栄養素を摂取します。ルーメンでの微生物発酵を最適化するという視点から考えると、TMR 給与というのは標準的な栄養管理であると言ってもよいかと思います。もし、何らかの理由で TMR 給与を実践できない農場の場合、デンプンをあまり多く給与できません。先ほどの野球の試合の例えを使えば、「点をたくさん取られても、取り返せばよい」という発想ができなくなります。デンプンと粗飼料 NDF のバランスを低いレベルで取ることが求められるからです。「相手チームの得点を最小限に抑えて勝つ」という発想をしなければなりませんし、飼料設計でも「安全第一」になるため、高乳量を目指すことは難しくなります。

## ▶まとめ

　私は、「炭水化物を制すれば、飼料設計を制する」と考えています。炭水化物の部分がいい加減の飼料設計をすれば、アミノ酸バランスに気を使ったり、いろいろなサプリメントを給与しても、多くの効果を望めません。その代わり、炭水化物をしっかり押さえた飼料設計をしていれば、多少、タンパク質の給与がいい加減でも、何とかなると言っても過言ではありません。

　それは、炭水化物が乳牛のタンパク源となり得るからです。炭水化物はルーメンの主なエネルギー源です。ルーメンでの炭水化物の発酵は、ルーメン微生物にエネルギーを供給することで、微生物タンパクの合成を促進します。前章で述べたように、微生物タンパクは必須アミノ酸を多く含む良質のタンパク質で、微生物タンパクがたくさん合成されれば、乳牛が小腸で消化・吸収できるアミノ酸も多くなります。つまり、乳牛の場合、炭水化物の給与は、良質のアミノ酸を同時に供給していることを意味しています。

　さらに、ルーメン微生物はビタミンBを生成します。炭水化物の給与は、間接的に乳牛へのビタミン給与を増やす効果もあるのです。

　炭水化物をうまく給与できれば、乳牛の栄養管理はスムーズにいきます。炭水化物は乳牛の栄養管理の基本なのです。

# 第4章　サプリメントを理解しよう

　乳牛の栄養管理では、粗飼料、穀類、副産物飼料といった飼料原料のほかに、サプリメントを給与します。「サプリメント」という言葉は使う人によって定義が異なりますが、本章では、粗飼料、穀類、副産物飼料を「一般飼料原料」、それ以外を「サプリメント」と定義して話を進めたいと思います。

　乳牛の飼料設計では、何らかのサプリメントを含めることが一般的ですが、私は以下の四つのタイプに分けて考えています。

■栄養要求量の充足に必要不可欠なもの
■栄養要求量の充足に必要となり得るもの
■栄養要求量の充足に必要ではないが、一定の給与効果が認められているもの
■給与効果が十分に確認されていないもの

　一般的に、サプリメントは一般飼料原料よりも高価で、売る側にとって利益マージンが高い飼料です。しかし、一般の飼料原料には十分に含まれていないものを乳牛に供給できるため、上手く使いこなせば、乳牛の健康を増進し、生産性を上げることで酪農家の利益も大きく高める可能性を秘めています。

　その一方で、サプリメントに振り回される栄養管理をしていれば、飼料コストだけが増え、農場の収益につながりません。乳牛の飼料設計でのサプリメントに対するアプローチを具体的に考えてみましょう。

第2部　ここはハズせない飼料設計初心者のための基礎知識

## ▶必要不可欠なサプリメント

　私は、ミネラルや脂溶性ビタミン（A、D、E）のサプリメントは「必要不可欠」のカテゴリーに含めるべきだと考えています。乳牛が必要としているミネラルや脂溶性ビタミンのすべてを、一般飼料原料から摂取することはできないからです。それぞれのミネラルや脂溶性ビタミンの具体的な要求量の数値は、乳牛飼養標準『NASEM』などの指標があるため、本章で解説することはしませんが、これは飼料設計時に、しっかりと確認すべき点です。

　どの程度の量のサプリメントを給与すれば良いのでしょうか？ 厳密に言えば、一般飼料原料に含まれているミネラルや脂溶性ビタミンの濃度を分析して調べて、足りないものだけをサプリメントで与えるというのが正論かもしれません。
　簡単に分析できるカルシウムやリンなどのマクロ・ミネラルは、このアプローチをとることが一般的です。一般飼料原料に含まれているマクロ・ミネラル濃度を分析して、足りないものをサプリメントで補うという方法です。
　しかし、脂溶性ビタミンやppm の単位で乳牛が必要としている亜鉛やセレンなどのミクロ・ミネラル（微量元素）は、飼料分析に手間もコストもかかりますし、必要とされる量もごくわずかです。一般飼料原料に含まれているぶんには期待せず、乳牛が必要としている量をすべてサプリメントから与えるアプローチをとるほうが経済的かもしれません。

　乳牛にビタミン・ミネラルのサプリメントをするようになったのは最近のことです。過去数百年・数千年にわたり、乳牛は家畜として飼養されてきましたが、サプリメントなしでも乳牛は生きてきました。野生の反芻動物もビタミン・ミネラルのサプリメントなしで生きています。それなのに、ビタミン・ミネラルは「必要不可欠」と言い切れるのでしょうか？ これらのサプリメントを給与すれば、飼料コストは確実に上がります。いわゆる「自然」の一般飼料原料だけで、なんとかならないのでしょうか？

ここで忘れてはならないのは、高泌乳牛は自然の反芻動物ではないという事実です。乳生産により多量に失われるミネラルもありますし、高泌乳を維持するためのエネルギー代謝に必要なミネラルもあります。例えて言えば、乳牛は一流のアスリートです。最高のパフォーマンスをするためには、食生活に細心の注意を払うことが求められます。ミネラルやビタミンのことを何も考えていないからといって、すぐに病気にはなることはないかもしれません。しかし、高泌乳牛が必要としているのは「生きる」ためのギリギリの栄養素ではなく、最高のパフォーマンスを維持するために必要な栄養素です。

　ミネラルや脂溶性ビタミンのサプリメントで注意すべきことが二点あります。
　一つは、ある特定の栄養素が必要不可欠だからといって、それらの栄養素を含むサプリメント製品が必要不可欠だとは言えないことです。栄養素とサプリメント製品はイコールではありません。特定のサプリメント製品が、必要不可欠な栄養素を供給するうえで必要なものかどうかは、コストとのバランスを考慮して、十分に吟味すべきだと思います。
　もう一つは、サプリメントを必要以上に給与しないことです。ミクロ・ミネラルや脂溶性ビタミンの過剰給与には効果がないばかりではなく、ものによっては有害になる場合があります。

　飼料設計では、給与量が適切かどうかを確認することが必要です。必要不可欠な栄養素でも、過剰給与は不要であり、限度を超えれば有害となるケースもあります。

## ▶必要になり得るサプリメント：脂肪酸

　私は、「脂肪酸」や「アミノ酸」などのサプリメントを、このカテゴリーに含めます。その理由は、一般飼料原料だけを使って高泌乳牛のエネルギーや栄養要求量を充足させることは事実上不可能だからです。

　乳量が 30kg／日以下の牛なら、一般飼料原料だけを使ってエネルギーや
タンパク質の要求量を充足させることは簡単にできるかと思います。乳量が
40kg／日くらいになっても、乾物摂取量を高められるなら、何とか要求量を充
足させることが可能かもしれません。しかし、それ以上の乳量になると、エネ
ルギーやタンパク質の要求量を充足させることは難しくなります。乳牛は際限
なくエサを喰ってくれるわけではないからです。エネルギー濃度が高い脂肪酸
のサプリメントや、効率良く制限アミノ酸を供給できるバイパス・アミノ酸に
頼ることが求められます。


　乳牛に脂質や脂肪酸の要求量があるわけではありません。あるのはエネル
ギーの要求量です。しかし脂肪酸サプリメントを使えば、高泌乳牛のエネルギー
要求量を充足させやすくなります。脂質には炭水化物の 2.25 倍のエネルギー
が含まれており、消化率も高いからです。

　脂肪酸サプリメントは、登山のときの行動食のようなものかもしれません。
私は、趣味で山スキーをしますが、そのときにはいつもチェコレート・バーを
数本ポケットに入れています。これは、ふだんの日常生活で食べることは、ま
ずありません。日常的に食べれば、エネルギーの摂り過ぎで、すぐに太ってし
まうからです。しかし、冬の山を歩いているときは別です。カロリー消費量が
多いため、エネルギーの補給が必要です。何も食べないで山を登っていると、
すぐにガス欠状態になり、頭がボーっとして動きが遅くなります。しかし冬の
山は寒いので、休憩で長時間じっとしていることはできません。最小の時間で、
それなりのカロリーを補給するために、ふだんは「ジャンク・フード」あるい
は「カロリーの固まり」とさげすんでいるチョコレート・バーをかじりながら
歩きます。

　高泌乳牛にも「時間割」があります。搾乳のためにミルキング・パーラーま
で歩いて行ったり、待機場で毎回一定の時間を費やさなければなりません。エ
サを食べれば反芻に充てる時間も必要ですし、ストールで休憩する時間も必要
です。これらの時間に、乳牛はエサを食べることができません。エサを食べる
時間は無制限にあるわけではないため、高泌乳牛は、食欲はあるのに食べる時

間が十分になく、エサの摂取量が制限されてしまうのです。乾物摂取量を高めるという努力は大切ですし、乳牛の栄養管理の基本です。しかし、無限に乾物摂取量を高められるわけではないため、飼料設計のエネルギー濃度を上げることも検討する必要があります。そこで、「行動食」としての脂肪酸サプリメントです。高泌乳牛はアスリート並みのエネルギーを消費しています。効率良くエネルギーを摂取しなければ、体がもちません。

　脂肪酸サプリメントをしなくても、たとえエネルギー・バランスがマイナスになって痩せていっても、乳牛は高乳量を維持しようとします。乳牛としてのプライドです。しかしムリをすれば、別のところにガタがきます。受胎率です。子牛を産んだ乳牛は、産んだ子牛への「責任」があるため、乳生産のために優先的にエネルギーを使おうとします。しかし、文字どおり「身を削っての子育て」を強いられるのであれば、生物としての自分自身の身を守るために、次の妊娠を避けようとするのかもしれません。
　分娩後に痩せていく牛とそうでない牛を比較した研究データによると、分娩後に痩せていっても乳量に違いは出ないそうです。どちらかと言えば、痩せていく牛のほうが、乳量が高くなる傾向がありました。しかし、異なったのは受胎率です。分娩後に痩せてしまった牛は、受胎率が大きく低下しました。
　脂肪酸サプリメントの効果は、乳量だけで判断すべきではありません。乳牛はムリして頑張ってくれるからです。ボディ・コンディションがどうなっているか？　繁殖成績はどうか？　乳量以外の面を多角的に考えて検討する必要があります。

　脂肪酸サプリメントに関しては、注意したい点がいくつかあります。
　まず、乳牛の体は、脂質を主なエネルギー源として使えるようになっていないことです。乳牛の脂質代謝能力には限界があります。飼料設計で推奨されている脂肪酸濃度は6％以下です。これ以上、給与すれば、乾物摂取量が下がるリスクが高まり、たとえ飼料設計のエネルギー濃度を上げても、エネルギー摂取量が低くなる場合があります。乾物摂取量が下がるからです。

　次に注意したい点は、高泌乳牛以外では、基本、必要のないサプリメントだということです。脂肪酸サプリメントは、一般飼料原料よりも高価であり、飼料コストを高めます。脂肪酸サプリメントを必要としている高泌乳牛に適切な給与を行なえば、コスト増を凌ぐ大きな効果を得ることができますが、それ以外の牛にとっての必要度は相対的に低くなります。

　さらにマイナスの効果があることも念頭に置く必要があります。山スキーでは必需品となるチョコレート・バーも、日常生活ではただのジャンク・フードです。脂肪酸サプリメントのことを「ジャンク・フード」とまでおとしめるつもりはありませんが、泌乳後期で過肥を避けたい低泌乳牛で、エネルギーの摂り過ぎはデメリットとなります。しかし、泌乳牛すべてを対象に一種類のTMRを給与している農場では、高泌乳牛と低泌乳牛を分けることができません。低泌乳牛にも脂肪酸サプリメントをするか、高泌乳牛のエネルギー不足を受け入れるかの、いずれかを選択する必要があります。これは、それぞれのメリットとデメリットを天秤にかけての経営判断となります。

　最後に指摘したいのは、脂肪酸サプリメントは多様だという点です。本章では「脂肪酸サプリメント」を効率的なエネルギー源として十把一絡げ的に扱いましたが、脂肪酸サプリメントは脂肪酸組成により、その生理的な働きが大きく異なります。消化率が高い脂肪酸、乾物摂取量を低めやすい脂肪酸、乳脂率を低下させやすい脂肪酸、乳脂率を高める脂肪酸、繁殖に効果がある脂肪酸……さまざまです。それぞれの脂肪酸の働きに関しては、第3部で詳しく説明したいと思いますが、脂肪酸サプリメントを使うときには、何が目的なのかをしっかりと意識する必要があります。

## ▶必要になり得るサプリメント：バイパス・アミノ酸

脂肪酸サプリメントと同様に、高泌乳牛の要求量を充足させるために、メチオニンやリジンなどのバイパス・アミノ酸というサプリメントがあります。これも「栄養要求量の充足に必要となり得るもの」です。

メチオニンやリジンは、高乳量を維持するためには必要不可欠なものです。ただし、これらのアミノ酸をサプリメントしたからといって、乳量が増えるとは限りません。いくつか注意したいケースを考えたいと思います。

それほど乳量が高くない牛の場合、一般飼料原料だけを使って、メチオニンやリジンの要求量を充足させられるかもしれません。その場合、バイパス・アミノ酸を給与しても、必要以上に体内に吸収されたアミノ酸は「廃棄」されてしまいます。アミノ酸は「アミノ基」と「有機酸」で構成されていますが、アミノ基の部分はアンモニアになり、最終的に尿素として排泄されます。有機酸の部分は、エネルギー源として利用され、最終的に二酸化炭素と水になり体外へ出ていきます。つまりアミノ酸の場合、必要量以上の給与をしても、メリットがないという特徴を認識しておく必要があります。

次に、エネルギー不足の乳牛には、バイパス・アミノ酸のサプリメントを行なう効果が低いことも認識しておく必要があります。第2章「タンパク質を理解しよう」でも説明しましたが、エネルギーが足りない場合、乳牛はアミノ酸をエネルギー源として利用します。「エネルギー源として利用する……」と言うと立派なことに聞こえますが、簡単に言うと「アミノ酸を燃やしてしまう」ということです。アミノ酸を燃やしてしまえば、乳生産や成長のための原材料として使えなくなってしまいます。アミノ酸は必要不可欠な栄養素ですが、非常に高価な栄養素です。エネルギー源として燃やしてしまうのは非常にもったいないことです。

　乳牛の栄養管理では、少々のアミノ酸不足は何とかなります。炭水化物のバランスを取り、ルーメン発酵を最大にできれば、微生物タンパクが増えるからです。微生物タンパクにはリジンやメチオニンといった「必須アミノ酸」が多く含まれています。

　さらに、乾物摂取量を高めるというマネージメント努力は、炭水化物とタンパク質の摂取量を同時に増やします。それは微生物タンパクを増やすことにも直結します。乾物摂取量を高めれば、高価なバイパス・アミノ酸に頼らずにアミノ酸の要求量を充足させられるケースが多々あります。

　逆に、炭水化物のバランスがいい加減であったり、乾物摂取量が低い農場の場合、バイパス・アミノ酸はエネルギー源として燃やされてしまいます。

　このような理由から、アミノ酸は乳生産のために必要不可欠な栄養素だと言えますが、すべての農場でバイパス・アミノ酸のサプリメント効果が見られるわけではありません。バイパス・アミノ酸のサプリメントは、乳牛の栄養要求量の充足に「必要となり得るもの」です。しかし、その前に、炭水化物のバランスが取れているか、乾物摂取量を最大にできているか、といった基本を確認しなければ、そのサプリメント効果は限られてしまいます。

## ▶科学的な根拠のあるサプリメント：イースト製品

　私は、「栄養要求量の充足に必要ではないが、一定の給与効果が認められているもの」のカテゴリーに、イースト製品やコリンなどを含めます。いずれも、栄養素としての要求量が存在するわけではありません。強いて二択で言えば、必要不可欠ではないものです。しかし、これらのサプリメントの給与効果に関しては、一定の科学的な根拠がありますし、現場でも一定のサプリメント効果が経験的に認識されています。

　私自身、イースト菌培養物のサプリメント効果を検証する研究を行なったことがあります。分娩移行期の牛を対象に行なった試験ですが、結論から言うと、乳量が増えることはありませんでしたが、興味深いサプリメント効果がありま

した。手前味噌ですが、まず、その研究内容を、解説を交えながら紹介したいと思います。なお、本章ではイースト菌培養物のことを指す語句としてSCFP（Saccharomyces Cerevisiae Fermentation Product）という略語を使います。

　この試験では117頭の牛を使い、分娩予定日の4週間前から分娩後6週間後までの期間、試験を行ないました。SCFPをサプリメントされた牛は58頭、そうでない牛（対照区）は59頭です。

　分娩前後2週間のDMIの推移を**図2-4-1**に示しました。SCFPをサプリメントされた牛も、そうでない牛も、分娩前のDMIに差はありませんでした。そして、いずれのグループの牛も分娩日に乾物摂取量が低下し、分娩後、乾物摂取量が増えていきました。しかし、分娩後1日目と5日目に、SCFPのサプリメント効果が見られました。図に「＊」で示しましたが、SCFPサプリメントされた牛の乾物摂取量が有意に高くなりました。

　私は、SCFPにはルーメン発酵を安定させる機能があると考えています。ルーメン内の微生物のバランスを保つことで、適度な発酵を持続させるわけです。分娩直後の時期は、食べるエサが変わります。食べる量も増えます。ルーメン発酵が最も不安定になる時期です。人間でも、今まで野菜中心の「精進料理」

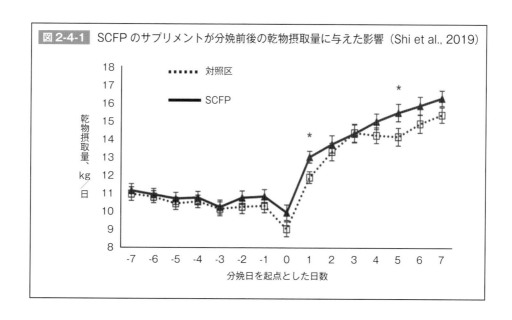

図2-4-1　SCFPのサプリメントが分娩前後の乾物摂取量に与えた影響（Shi et al., 2019）

対照区
SCFP

乾物摂取量、kg／日

分娩日を起点とした日数

を食べていたのに、「今日からお前には栄養が必要だ。肉をたくさん食え。そして食う量も2倍に増やせ」と言われれば、お腹をこわしてしまいます。

分娩直後の1日目は、食べるエサが大きく変わります。乾乳牛用のTMRから泌乳牛用のTMRへの変化はルーメン発酵を大きく変えます。この試験で分娩前の乳牛には、デンプン濃度が13.9％で、ワラが乾物ベースで30％ほど入った低エネルギーのTMRを給与されていましたが、分娩後はデンプン濃度が大幅にアップするTMRを給与されました。ルーメン内の状態が不安定になっても不思議ではありません。しかし、SCFPをサプリメントされた牛は、分娩後1日目の乾物摂取量が高くなりました。これはルーメン発酵が安定していることを示しています。

TMRの摂取量の激増も、ルーメン発酵を不安定にさせる要因です。分娩後、TMRの摂取量は毎日増えていきます。SCFPをサプリメントされていない牛は、分娩後3日間、乾物摂取量が増えた後、4日目と5日目に少し停滞し、6日目から再び増加に転じました。4日目と5日目の「中休み」は、ルーメン発酵の大きな変化を考えると不思議なことではありません。しかし、SCFPをサプリメントされた牛は、分娩後4日目と5日目に乾物摂取量が停滞することなく、順調に喰う量を増やしていきました。そのため、分娩後5日目の乾物摂取量が有意に高くなるという結果になりました。この事実も、SCFPのサプリメントがルーメン発酵を安定させたことを示唆しています。

この試験では、分娩後21日間、ルーメンpHを継続的にモニタリングしました。分娩してから1週間後のルーメンpHに興味深い事実が見られました。1日の平均pHは同じでしたが、高デンプン（28.3％）のTMRでSCFPをサプリメントされた牛は、1日のルーメンpHの振れ幅（1日の最大値と最低値の差）が小さくなりました（**表2-4-1**）。ルーメンpHは発酵酸が生成されれば下がるため、発酵の様子を知るバロメーターとなります。SCFPをサプリメントされなかった牛の最低pHは5.62、最大pHは7.0で、振れ幅は1.38もあったのに対し、SCFPをサプリメントされた牛の最低pHは5.69、最大pHは6.77

| | 対照区 | SCFP |
|---|---|---|
| 最低ルーメン pH | 5.62 | 5.69 |
| 平均ルーメン pH | 6.23 | 6.24 |
| 最大ルーメン pH | 7.00 | 6.77 |
| ルーメン pH の振れ幅 | 1.38 | 1.08 |

**表2-4-1** 分娩後に高デンプンの TMR を給与された乳牛のルーメン pH（Shi et al., 2019）

で、振れ幅は 1.08 でした。

　つまり、SCFP のサプリメントにより、最低 pH は高くなり、最大 pH は低くなったのです。この事実は、SCFP のサプリメントは、ルーメン内での一時的な過剰発酵を防ぎつつ、常に安定した発酵を維持することに貢献したことを示しています。


　分娩後に多くの牛は「炎症」を経験します。炎症を引き起こす物質や病原体が、子宮、乳腺、消化器官から体内に吸収されるためです。ルーメンでの発酵が安定すれば、炎症のリスクを軽減することにもつながります。この試験では、炎症が起きていることを示す、血清中のハプトグロビン濃度を分析しましたが、SCFP のサプリメントを受けなかった牛が、分娩後 7 日目にハプトグロビン濃度が高くなっている（炎症が起きている）のにもかかわらず、SCFP のサプリメントを受けた牛は通常値を維持しました（**図 2-4-2**）。炎症を軽減する効果があったことが理解できます。


　分娩直後の 3 週間全体の乾物摂取量や乳量、乳成分の面で、SCFP のサプリメント効果は観察されませんでした。これまでの研究データを見てみると、SCFP のサプリメントにより乳生産が向上したと報告しているものもあれば、乳量に変化がなかったと報告しているものもあり、SCFP をサプリメントすれば確実に乳量が上がると断言することはできません。ここで紹介した研究でも、

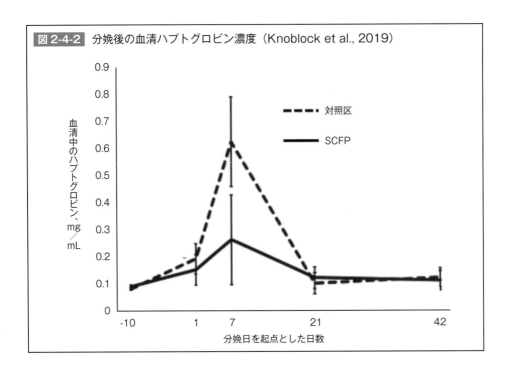

図 2-4-2　分娩後の血清ハプトグロビン濃度（Knoblock et al., 2019）

SCFP のサプリメントにより乳量が増えるなどの経済効果は見られませんでしたが、分娩移行期の牛のルーメン発酵が安定したことを示すデータがいくつか観察されました。

　ヒート・ストレスがかかる時期や移行期管理全般のマネージメントに問題がある農場では、牛に大きなストレスがかかるため、ルーメン発酵を安定させることが難しくなるかもしれません。そのような状況下では、SCFP のサプリメントが乳生産の維持に貢献することも考えられます。そのため、いわば「保険」という位置づけで SCFP を利用できるのかもしれません。

　SCFP をサプリメントするかどうかは、それぞれの農場での経営判断になるかと思いますが、SCFP がルーメン発酵を安定させるという点に関しては、ある程度の科学的根拠があり、SCFP は乳牛の栄養管理を向上させるツールの一つであると言えます。

## ▶科学的な根拠のあるサプリメント：バイパス・コリン

コリンに関しても、同様です。一定の研究データがあるものの、乳牛の栄養素としての要求量が確立されているわけではありません。そのため、「栄養要求量の充足に必要ではないが、一定の給与効果が認められているもの」というカテゴリーに私は含めています。

アメリカでは、人間のコリンの推奨摂取量が定められています。動物の代謝にも必要不可欠な栄養素です。しかし乳牛の場合、栄養要求量は確立されていません。それは、ルーメン微生物、または乳牛自身が自分の体内でコリンを作ることができるため、どうしてもサプリメントとして給与すべきものではないからです。

これまでに発表された27の研究データをまとめ統計解析した論文によると、バイパス・コリンを分娩移行期にサプリメント給与することで、乾物摂取量と乳量が増えると報告しています（**表2-4-2**）。一つ一つの研究を見ると、サプリメント効果がなかったと報告しているものもあれば、乳量が高くなったと報告しているものもあり、一貫した結果は出ていません。しかし全体像を見る限り、ある程度の科学的な根拠が存在するサプリメントだと言えるかと思います。

それでは、効果がある場合とそうでない場合があるのは、なぜでしょうか？

**表2-4-2** バイパス・コリンの給与効果（Humer et al., 2019）

|  | 対照区 | バイパス・コリン |
|---|---|---|
| 乾物摂取量、kg/日 * | 19.1 | 19.9 |
| 乳量、kg/日 * | 31.8 | 32.9 |
| 乳脂率、% | 3.84 | 3.87 |
| 乳タンパク率、% | 3.16 | 3.17 |

＊統計上の有意差あり

バイパス・コリンのサプリメント効果は、乳牛の脂質代謝と関連があると考えられています。カナダで行なわれた研究では、分娩前のBCSが4以上だった乳牛では、バイパス・コリンのサプリメントにより乾物摂取量と乳量が高くなりましたが、BCSが4未満の乳牛ではサプリメント効果はまったく見られませんでした（**表2-4-3**）。そのため、バイパス・コリンが乳量を増やした、という言い方は不適切かもしれません。正確には、バイパス・コリンのサプリメントにより、BCSの高い過肥の牛の乳量低下を防いだ、と解釈すべきかと思います。

　私は、健康な乳牛にバイパス・コリンのサプリメントは不必要だと考えています。しかし、分娩移行期など乾物摂取量が下がり不安定になる時期、あるいは過肥で代謝障害を起こしそうな乳牛の場合、いわば「保険」という位置づけでバイパス・コリンを利用できるのかもしれません。

　SCFPにせよ、バイパス・コリンにせよ、乳牛が摂取しなければならない栄養素ではありません。しかし、「時と場合によりサプリメント効果がある」という一定の科学的根拠と研究データがあります。「保険」的なサプリメントだと言いましたが、これは期待される効果とサプリメントにかかるコストのバランスを考えて、給与するかどうかを経営判断するものであると思います。

**表2-4-3**　バイパス・コリンの給与効果（Humer et al., 2019）

|  | 対照区 | バイパス・コリン |
|---|---|---|
| 乾物摂取量、kg/日 | | |
| BCS 4.0 以上 * | 11.5 | 12.6 |
| BCS 4.0 未満 | 12.9 | 12.7 |
| 乳量、kg/日 | | |
| BCS 4.0 以上 * | 27.0 | 31.4 |
| BCS 4.0 未満 | 32.0 | 32.0 |

* 統計上の有意差あり

毎月支払う保険料がわずかであれば、万が一の場合に備えとしてアリだと思います。しかし、リスクが低いにもかかわらず高い保険料を払って、お金がなくなってしまうのも本末転倒です。事故は起こり得ます。しかし、保険があっても事故による損害のすべてが補償されるわけではありません。その反対に、保険をかけていなくても、事故を起こさなければ何の問題もないはずです。

「あったら便利は、なくても平気」という格言もあります。「科学的な根拠のあるサプリメント」は、潜在的なリスク、サプリメントにより期待される効果とコストを総合的に考えて、それぞれの農場で判断すべきことかもしれません。

## ▶何にでも効く "魔法のクスリ"

サプリメントには、科学的な根拠が怪しいモノも多数あります。本当に効果があるのかどうかを見分ける眼が必要です。

これまで「科学的な根拠のあるサプリメント」の例としてSCFPとバイパス・コリンをあげましたが、それ以外のサプリメントのすべてに科学的な根拠がないと言うつもりはありません。その反対に、一SCFP製品のサプリメント効果に科学的な根拠があるからといって、イースト系の製品のすべてに同じ効果を期待することもできません。イースト系のサプリメント製品は多様です。十分な研究が行なわれて給与効果が検証されているモノもあれば、そうでないモノも多数あります。

科学的な根拠があるかどうかをどのように判断すればよいのでしょうか？どんなサプリメントであれ、間接的にプラスの効果をもたらす可能性はゼロではありませんので、科学的に「効果はゼロだ」という証明をすることはできません。統計解析上、「効果があるとは言えない」とは言えても、「効果がない」とは言い切れないからです。

私が判断材料にしているのは、どういうメカニズムで効果があるのか、という点です。「このサプリメントをやれば体細胞数が下がりますよ、乳脂率が上がりますよ、受胎率も上がりますよ……」、いろいろな効果をうたうサプリメ

ントがありますが、私は基本的に、何にでも効くという"魔法のクスリ"は信用しません。逆に、「このサプリメントは、これこれ、こういうメカニズムで乳脂率を上げる場合があります。ただし、このようなメカニズムで機能するものなので、こういう場合は効果ありません……」などと言ってもらうほうが、私としては信用できます。

　サプリメントの営業をする人も、いろいろなデータを示してくるかもしれません。しかし、データには信憑性に欠けるものもあれば、「フェイク」的なものもあります。科学的な根拠の有無をどこで線引きできるのでしょうか？

　研究者の場合、信用できるデータかどうかを判断する一つの材料として、研究データがどこに発表されたものかをチェックします。一流の研究ジャーナル（例：Journal of Dairy Science）であれば、どのような条件で試験が行なわれたか、その条件は適切か、統計解析は正しく行なわれているか、試験に使われた乳牛の数は十分か、試験データの解釈に問題はないか、などを最低二人の研究者がチェックします。「査読」です。このチェックを受けたデータだけが研究論文として発表されるので、その信憑性は高くなります。もっとも、査読も人間のすることですから完全ではありません。しかし、疑わしいデータが入り込む可能性は低くなります。そのため、このような研究ジャーナルを引用したり、出典を明記しているデータであれば、信頼度は高い情報だと言えます。

　それに対して、製品の効能などを示したパンフレットなどは、中立の立場にある外部の人間がチェックしなくても用意できます。業界誌などで発表されるデータも、編集者が科学的な視点からデータの質までチェックすることはありません。学会発表も比較的チェックが甘いので、問題のある研究データでも発表されることがあります。

　このように、どこでデータが発表されたかをチェックすることで、ある程度、データの質を見分けることができます。

# 第3部

## ここはハズせない
## 飼料設計
## 経験者のための
## 基礎知識

# 第1章 『NASEM』を理解しよう

## ▶ 『NASEM』とは？

　北米では、最初の乳牛飼養標準が1945年に発行されて以来、10〜20年の
サイクルで改訂版が出されます。私が学生の頃は1989年に発行された第6版
を使っていましたが、2001年に第7版が発行され、これまで20年間、乳牛
の栄養管理のベースとして使われてきました。2021年の末に発行されたのが
第8版です。これまでの乳牛飼養標準は『NRC 2001』として知られてきまし
た。NRCとはNational Research Councilの略ですが、機構の変更に伴い、新
しい乳牛飼養標準はNASEM（National Academies of Sciences, Engineering,
and Medicine）から出版されます。本書では、新しい乳牛飼養標準のことを
『NASEM』と呼び、話を進めたいと思います。

　日本語では「乳牛飼養標準」と訳されていますが、乳牛『NASEM』の英語
の正式名称は「Nutrient Requirements of Dairy Cattle」、直訳すると「乳牛の
栄養要求」となります。「標準」という言葉からは「目安」や「基準」といっ
た比較的ユルい印象を受けますが、「要求」という言葉からは、乳牛を健康に
使用していくうえで「妥協できない必要条件」という印象が伝わってきます。
日本語訳が間違っているとは言いませんが、『NASEM』は乳牛が「要求」し
ているものを示す、栄養管理の「権威」的な役割を担っています。

　『NASEM 2021』は「乳牛の栄養管理はこうしたほうが良いのではいか、あ
あしたほうが良いのではないか」といった伝聞や個人的な経験に基づいて執筆
されたものではなく、研究データにより裏付けされた事実だけが「要求量」と
して示されています。2021年末に発行された乳牛『NASEM』では、北米の乳

牛栄養学の専門家 12 人から構成される改訂委員会が中心となり、これまでに発表された研究論文に基づき改定作業を進めました。

　飼料設計に関しては、CNCPS に基づいて開発された AMTS や NDS というプログラムも存在し、広範に利用されています。それらの飼料設計ソフトと『NASEM』には、どういう違いがあるのか、その一つ一つを詳述することはできませんが、一言で簡単に違いを述べると、CNCPS などの飼料設計プログラムが革新的であるのに対し、『NASEM』は保守的だと言えます。

　乳牛の栄養管理にはさまざまな考え方が存在します。CNCPS は、多少研究データが不足していても、新しい考え方を素早く取り入れることができますが、『NASEM』は発表された研究データだけに基づき、いわば北米の研究者達の総意によって出される指標です。そのため、『NASEM』は重みのある権威的な指標となりますが、そのぶんフットワークが鈍く、新しい考え方を取り入れるのにも時間がかかります。これは、どちらが優れているとか、どちらが間違っているという問題ではありません。本質的な違い・特徴です。

　いずれにせよ、今回の改訂版が発行されるのは 2001 年以来 20 年ぶりのことですし、『NASEM 2021』は大きな注目を集めています。

## ▶ 「飼養標準」は必要？

　乳牛の栄養管理の方法に関しては、いろいろな意見・考え方がありますし、飼料設計や栄養管理は、それぞれの酪農家が、自分の裁量で自由にできるものであり、公的機関から具体的な指図を受けるような仕事ではありません。それでは、なぜ『NASEM』のようなものを出版し、「乳牛の栄養要求量」を標準化することが必要なのでしょうか？

　北米では、酪農家さんが飼料会社を訴えることが時々あります。私自身、数年前にアルバータ州の弁護士事務所から、「ある飼料会社の栄養設計が適切かどうか、専門家としての意見を法廷で述べてほしい」という依頼を受けました。

　数年前に、ある酪農家が飼料会社を変えて、新しい栄養コンサルタントが設計した濃厚飼料を給与し始めたところ、乳量が激減するという問題が発生しました。酪農家さんからは「損害を被ったから賠償しろ」という訴えがなされ、飼料会社からは「エサ代を払え」という訴えがなされました。詳しい事情説明は省略しますが、争点の一つは「飼料設計が適切かどうか」でした。

　私は、栄養コンサルタントが行なった飼料設計を『NRC 2001』に入力し、どれくらいの乳量が可能になるのかを確認するというアプローチを取りました。『NRC 2001』があったおかげで、飼料設計に問題がないことを確認するのは簡単な仕事でした。

　余談になりますが、その訴訟の件で、濃厚飼料や粗飼料の栄養濃度などを詳しく見てみると、乳量激減の理由は粗飼料にありました。新しく収穫した粗飼料のエネルギー価が昨年の粗飼料よりも極端に低かったのです。実際、大学の研究農場でも、この年に収穫したサイレージは嗜好性も悪く、乳量が下がりました。訴訟問題になった酪農家さんの場合、新しい粗飼料を給与し始めるタイミングである10月に、同時に飼料会社を変えてしまい、お互いの信頼関係を築く前にそのような事態になったため、「あそこのエサは乳が出ない！」という誤解を招き、大きな問題に発展したようです。

　話が少しそれました。『NASEM』の存在意義です。「訴訟に必要だから」というのが『NASEM』が出版される主な理由ではありませんが、いろいろなケースで、権威のある、お墨付きを得た飼養標準があるのは便利です。北米の乳牛栄養学のトップ・クラスの専門家達が議論して導き出した「要求量」を充足させる飼料設計ができているのであれば、「飼料設計は適切だ」と客観的に結論付けることができます。もし、『NASEM』のような飼養標準が存在しなければ、飼料設計が適切かどうかを判断するのは難しいでしょう。

　酪農家さんの考え方次第で、ユニークな栄養管理を検討する場合があるかもしれません。その場合、『NASEM』の飼養標準があれば、それで要求量を充

足させられるのか、もし充足させられなければ、どういう問題が起こり得るのかを考えることができます。あるいは、今まで使ったことがないような食品廃棄物も飼料原料として活用できるかもしれない、という状況があるかもしれません。そのような場合、分析した栄養素を『NASEM』に入力すれば、「安全な」飼料設計が可能になります。

　ある意味、研究データというのは、研究者の「成功談」や「失敗談」です。研究データに基づいて作成される飼料設計の考え方は、研究者の経験が詰まったものです。「失敗から学ぶ」のは大切ですが、学ぶために、自分ですべて失敗する必要はありません。他人の失敗から学べればベストです。『NASEM』に基づいた飼料設計を行なうことは、他人の失敗や経験から学ぶことだと言えるかもしれません。


　本書の第3部の大部分は、基本的に『NASEM 2021』で示された飼料設計の方法・考え方を解説することを目的として書いています。一部、研究データが足りないなどの理由で『NASEM』に取り入れられなかった新しい考え方もあります。そのようなケースでは、基本は押さえつつも『NASEM』だけに捉われず、最近の知見も紹介しながら、乳牛の飼料設計の方向性について自由に語りたいと思います。


## ▶栄養要求量の定義

　まず、栄養素の摂取量と乳牛の反応の関係について考えてみましょう。

　理屈のうえでは、栄養素の摂取量が高くなるにつれて乳量は線的に増えていき、ある一定点（要求量が充足されるポイント）に達すると牛の反応は横ばいになります（**図 3-1-1**）。しかし、牛の反応は、機械的なものではありません。栄養素の摂取量が極端に少なければ、急激に痩せたり、乳量が低くなるなど、牛は目に見える形で反応を示すかもしれません。これは「明瞭な不足」ですが、そこから、栄養素の摂取量を高めていくと、明らかな弊害は見えなくなります。

　ハッキリと可視化できなくても、栄養素の不足は健康や繁殖能力などの面で

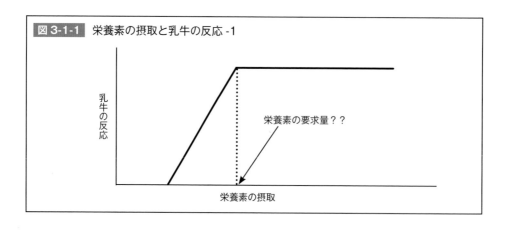

図 3-1-1　栄養素の摂取と乳牛の反応 -1

長期的に悪影響を与えます。これが「可視化されていない不足」です。そこからさらに栄養素の摂取を高めていくと、次に「充足」という状態に達します。これが一番望ましい状態です。しかし、そこからさらに栄養素の摂取を高めると「過剰」という状態になり、これも乳牛の健康に悪影響を与えます（**図 3-1-2**）。

　このように、乳牛の生産性を理想的な状態に保つための栄養要求量を考えるときには、生産性に直結する明瞭な一点だけを示すのではなく、ハッキリと可視化できない不足を避けつつ、過剰給与も避けるという考え方をする必要があります。

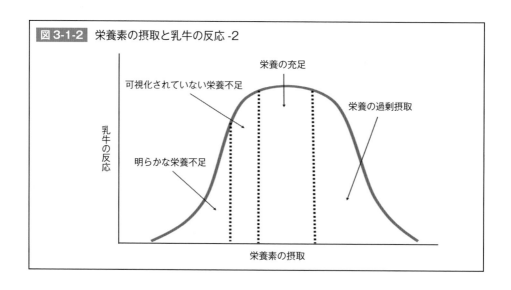

図 3-1-2　栄養素の摂取と乳牛の反応 -2

出版物のタイトルが「乳牛の栄養要求」であったにもかかわらず、『NRC 2001』では「要求量」という言葉が明確に定義されていませんでした。栄養要求量を考えるときには、個体差を考慮する必要があります。ある牛は40kgの乳を生産するのに、100の栄養素が必要だとしましょう。しかし、別の牛は90の栄養素を摂取しただけで同じ乳量を出せるかもしれませんし、別の牛は110の栄養素を摂取する必要があるかもしれません。

　『NASEM』の栄養要求量とは、どの牛を対象にして出されるものなのでしょうか？　ばらつきのあるすべての牛の要求を充たすレベルなのでしょうか？　それとも平均的な牛の要求量を充たすレベルなのでしょうか？

　人間の栄養学ではRDA（Recommended Daily Allowance：1日当たりの推奨摂取量）という指標があります。これは、平均的な個体の栄養要求量を充足させるレベルではなく、97.5％の個体の栄養要求量を充足させる値とされています（平均値＋標準偏差×2）。このレベルで栄養素を供給すれば、ほぼすべての個体の栄養要求量を充足させることができますが、一部の個体にとって必要以上の栄養素を供給していることになります。

　人間の食生活では、いわば「確実に」栄養素を供給することが優先されるため、RDAという指標が広範に使われていますが、乳牛の栄養管理は経済活動です。そのため、97.5％の個体の充足を目指すことが経済的に不合理な場合があります。望ましい結果を得るためのコストも考慮しなければならないからです。

　今回出版された『NASEM 2021』では、ほとんどのケースで平均的な牛をターゲットにして栄養要求量を定義していることが示されました。「平均牛を対象にしている」という点を極端に解釈すると、母集団の半分の牛は栄養が足りていない恐れがあるのに、残りの半分の牛には必要最低限以上の栄養を供給していることになります。これは、どうしようもないことかもしれません。しかし、『NASEM』であれ何であれ、栄養要求量を考えるときには、個体間にばらつきが存在することを認識しておく必要があります。

# 第2章　DMI の予測方法を理解しよう

　飼料設計の出発点は、ターゲットになる牛を想定し、その栄養要求量を計算することです。その次にすべきことは、ターゲット牛の乾物摂取量（DMI：Dry Matter Intake）の予測です。乾物摂取量の予測値が決まれば、それに基づいて飼料設計の栄養濃度を決められるからです。『NRC 2001』では、体重、乳量、泌乳日数など、乳牛側の要因に基づいて DMI の予測式が作られていましたが、この予測式には、主に二つの問題点がありました。

## ▶ 『NRC 2001』の問題点

　一つ目の問題点は、分娩直後の DMI 予測値が低すぎることでした。

　一般的に分娩直後の数週間の DMI が低いとはいえ、初産牛か多経産牛か、そして BCS によって DMI への影響は異なります。それにもかかわらず、『NRC 2001』では、分娩直後の DMI を一律に低く見積もり過ぎていたため、DMI の予測が正確にできていませんでした。

　『NASEM 2021』では、DMI 予測式の精度を高めるため、産次数や BCS を予測式に含めるという改良がなされました。**図 3-2-1** に初産牛の予測 DMI を、**図 3-2-2** に2産次以上の牛の予測 DMI を示しました。

　『NRC 2001』の予測式では、分娩後 90 日程度経過してから DMI が最大になるという結果でしたが、DMI が最大になるのにそれほど長い時間がかかるわけではありません。『NASEM 2021』の予測式では、産次数にかかわらず、分娩後 40 日で DMI が最大になるという結果になっています。

　さらに、分娩直後の数週間の DMI 予測に関しては、初産牛や BCS が適切な2産次以上の牛の場合、『NRC 2001』よりも高くなっています。『NASEM

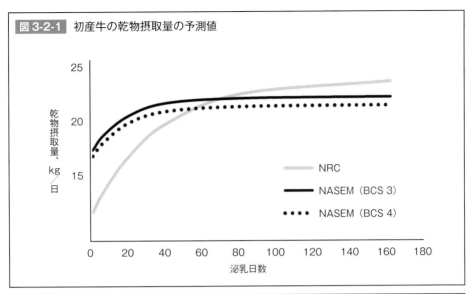

**図 3-2-1** 初産牛の乾物摂取量の予測値

（縦軸）乾物摂取量、kg／日
25
20
15

凡例：
NRC
NASEM（BCS 3）
NASEM（BCS 4）

（横軸）泌乳日数
0　20　40　60　80　100　120　140　160　180

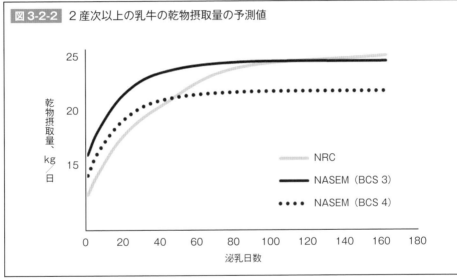

**図 3-2-2** 2産次以上の乳牛の乾物摂取量の予測値

（縦軸）乾物摂取量、kg／日
25
20
15

凡例：
NRC
NASEM（BCS 3）
NASEM（BCS 4）

（横軸）泌乳日数
0　20　40　60　80　100　120　140　160　180

2021』では、2産次以上の過肥牛（BCSが4）の場合のみ、分娩後のDMI予測が『NRC 2001』並みに低くなっています。

　これらの修正により、分娩後のDMIを正確に予測できるようになりました。大規模農場では、フレッシュ牛（分娩直後の数週間）のグループを作ることができますし、フレッシュ牛を対象にした別のTMRを作ることもできます。修正された『NASEM 2021』のDMI予測式により、フレッシュ牛の飼料設計の精度が高まることが期待できます。

　二つ目の問題点は、乳量の高い牛のDMIを過大に見積もり、乳量の低い牛のDMIを少なく見積もってしまうという偏りが見られたことです。

　これは、乳牛の栄養管理のうえで大きな問題です。乳量の高い牛のDMIを過大に見積もって飼料設計を行なうと、乳量の高い牛はエネルギー不足になり痩せていきます。コンピュータが喰えると想定した量を、牛が喰えないからです。その反対に、乳量の低い牛のDMIを少なく見積もって飼料設計を行なうと、牛は過肥になります。想定以上のエサを喰いこんでしまうためです。

　**図3-2-3**で、『NRC 2001』と『NASEM 2021』のDMI予測の比較をしました。乳量が30kg台前半の乳牛の飼料設計をする場合、大きな変化はないかもしれません。しかし、『NASEM 2021』では、乳量が30kg以下の牛のDMIを高く予測し、乳量が35kg以上の牛のDMIを低く予測しています。これらの修正は、とくに高泌乳牛の飼料設計をする場合に大きな影響があるかと思います。

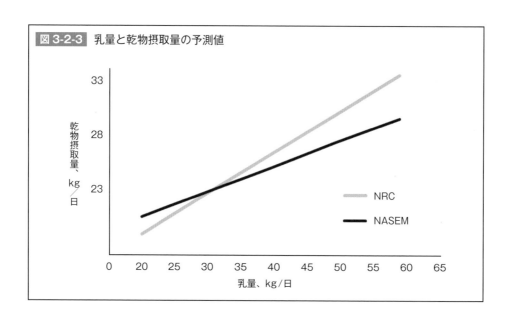

**図 3-2-3**　乳量と乾物摂取量の予測値

## ▶飼料設計による DMI への影響

　『NRC 2001』で DMI を正しく予測できなかった別の理由は、DMI に影響を与え得るエサ側の要因を考慮に入れていなかったことです。例えば、乳量が桁外れに高い牛は、理屈のうえでは、1 日当たり 35kg、40kg の DMI があっても不思議ではありません。しかし、高泌乳牛の最大 DMI を制限しているのは物理的な満腹感です。エネルギーの摂取量が足りず代謝上は空腹感を感じていても、ルーメンで感じる物理的な満腹感から喰えなくなるのです。このような状況下では、飼料設計のアプローチも DMI に大きな影響を与えるはずです。例えば、粗飼料センイを大量に給与する飼料設計をすれば、物理的な満腹感を感じやすくなるため、実際の乾物摂取量は想定よりも低くなります。乳牛の体重や乳量といった家畜側の要因だけで DMI を予測すること自体に大きなムリがあるのです。

　この問題点を解消するために、『NASEM 2021』では、乳牛側の要因に加え、粗飼料センイの量とタイプを DMI の予測式に含めることにしました。『NASEM 2021』の飼料設計ソフトでは、DMI の予測値が二つ表示されます。一つ目は、体重、乳量、泌乳日数、産次数、BCS といった乳牛側の要因だけに基づき計算される DMI 予測値です。これは、飼料設計を始めるときに使う値です。しかし、いったん飼料設計を始めると（飼料原料を選び、その給与量を入力すると）、乳牛側の要因に加え飼料設計の要因も加味した、二つ目の DMI 予測値も表示されます。それを見ながら、飼料設計を調整できるようにするためです。これは『NASEM 2021』で導入された大きな改良点です。

　それでは、飼料設計サイドの、どういった要因を具体的に考慮して DMI を予測しているのかを詳しく解説したいと思います。

　『NASEM 2021』では、DMI 予測のために下記の三つ要因を計算式に含めました。

■粗飼料センイの給与量（％DM）

■ADF/NDFの割合

■粗飼料センイの消化率

　粗飼料センイの給与量とDMIには負の相関関係があるため、粗飼料セン
イの給与量が増えるとDMIの予測値は下がります。**図3-2-4**に、平均的な

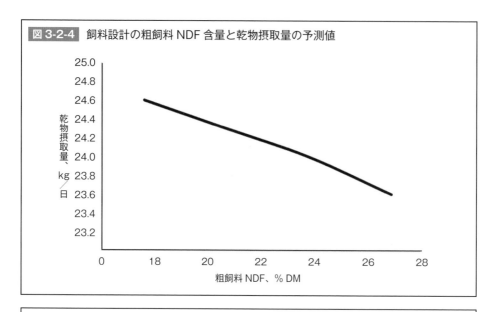

図3-2-4　飼料設計の粗飼料NDF含量と乾物摂取量の予測値

表3-2-1　DMI予測（図3-2-4）に使われた飼料設計（％乾物）

|  | A | B | C | D |
|---|---|---|---|---|
| グラス・サイレージ | 25 | 30 | 35 | 40 |
| アルファルファ乾草 | 5 | 5 | 5 | 5 |
| ビート・パルプ | 15 | 10 | 5 | 0 |
| スチーム・フレーク・コーン | 35 | 35 | 35 | 35 |
| 大豆粕 | 10 | 10 | 10 | 10 |
| DDGS | 5 | 5 | 5 | 5 |
| バイパス大豆粕 | 3 | 3 | 3 | 3 |
| 油脂サプリメント | 2 | 2 | 2 | 2 |
| 粗飼料NDF、％乾物 | 17.6 | 20.7 | 23.8 | 26.9 |

牛群（体重 700kg、BCS 3、乳量 35kg／日、泌乳日数 150 日、初産牛の割合 33％）の DMI が、粗飼料 NDF により、どのように変化するのかを示しました。飼料設計中のグラス・サイレージの給与量を乾物ベースで 25％から 40％に高め、ビート・パルプの給与量を乾物ベースで 15％から 0％に減らすと、粗飼料 NDF が 17.6％から 26.9％に増えました（**表 3-2-1**）。それに応じて、DMI の予測値が 24.6kg／日から 23.6kg／日に減っていることがわかります。

これまでの『NRC 2001』では、飼料設計中の粗飼料 NDF 含量が高くなっても、DMI の予測値が下がることはありませんでした。粗飼料 NDF 含量を DMI 予測に取り入れたというのは、『NASEM 2021』で見られた大きな改良点です。

それでは、次に ADF/NDF について説明しましょう。

何のために ADF/NDF の値が DMI の予測式に含められたのでしょうか？それは、マメ科の牧草とイネ科の牧草で、物理的な満腹感に与える影響が異なるためです。一般的に、マメ科牧草は物理的に脆く、発酵速度も速いため、物理的な満腹感を与えにくく、最大 DMI を制限しにくいセンイ源です。それに対してイネ科牧草は発酵が遅く「腹持ちの良い」センイ源なので、最大 DMI を制限しやすいという特徴があります。

これらの影響を予測式に組み込むためには、飼料設計の中で、どれだけマメ科牧草を使っているかを数値化する必要があります。そこで、ADF/NDF という値が使われることになりました。

マメ科牧草は、NDF 中の ADF 含量が高く、ADF/NDF の値が約 0.82 になるのに対し、イネ科牧草の ADF/NDF の値は約 0.63 です。この割合は、生育ステージにより大きく変化することはありません。そのため、飼料設計全体の ADF/NDF の値を見れば、粗飼料センイの供給源を知ることができます。飼料設計中の ADF/NDF と DMI には正の相関関係があるため、ADF/NDF の値が高くなれば（マメ科牧草の給与割合が増えれば）、DMI の予測値も高くなります。

**図 3-2-5** に、飼料設計中のマメ科牧草（例：アルファルファ乾草）の給与量が増えることで、予測 DMI がどのように変わるのかを示しました。乳牛側

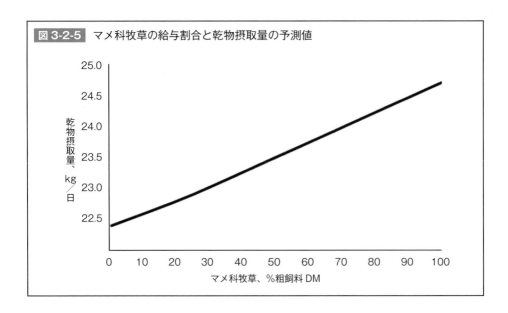

**図3-2-5** マメ科牧草の給与割合と乾物摂取量の予測値

の要因の設定は**図3-2-4**と同じで、体重700kg、BCS 3、乳量35kg/日、泌乳日数150日、初産牛の割合33%としています。そして、粗飼料の合計給与量を乾物ベースで飼料設計全体の50%とし、その中でアルファルファ乾草とグラス・サイレージの割合を変えてみました（**表3-2-2**）。現実的な飼料設計

**表3-2-2** DMI予測（図3-2-5、6、7）に使われた飼料設計（%乾物）

| | マメ科牧草の割合（%粗飼料乾物） | | | | |
| | 0% | 25% | 50% | 75% | 100% |
|---|---|---|---|---|---|
| グラス・サイレージ | 50 | 37.5 | 25 | 12.5 | 0 |
| アルファルファ乾草 | 0 | 12.5 | 25 | 37.5 | 50 |
| スチーム・フレーク・コーン | 30 | 30 | 30 | 30 | 30 |
| 大豆粕 | 10 | 10 | 10 | 10 | 10 |
| DDGS | 5 | 5 | 5 | 5 | 5 |
| バイパス大豆粕 | 3 | 3 | 3 | 3 | 3 |
| 油脂サプリメント | 2 | 2 | 2 | 2 | 2 |
| 粗飼料NDF、%乾物 | 31.0 | 28.4 | 25.8 | 23.2 | 20.6 |
| ADF/NDF | 0.60 | 0.63 | 0.65 | 0.68 | 0.71 |

でないものもありますが、ADF/NDF 比を変える例として比較してみてください。ADF/NDF の値が 0.60 から 0.71 に変化するにあたり、DMI 予測値が 22.4kg／日から 24.7kg／日に増えています。ちなみに、これは ADF/NDF 値の影響だけではありません。アルファルファ乾草のほうが NDF が低いため、アルファルファ乾草の給与量が増えることにより粗飼料 NDF も同時に低くなっています。ADF/NDF 値と粗飼料 NDF という二つの要因が重なっているため DMI 予測値は大きく変わりますが、これはマメ科の牧草の給与が DMI を高めることをハッキリと示しています。

　最後に、粗飼料 NDF の消化率が DMI 予測値に与える影響について考えてみましょう。

　粗飼料 NDF のインビトロ消化率を分析された経験のある方は多いと思います。一般的に、粗飼料 NDF の消化率が高ければ DMI も高くなると考えられていますが、実際に研究データをまとめてみると、その効果は牧草のタイプ（イネ科かマメ科か）や、給与される牛の乳量によって影響を受けることがわかりました。

　**図 3-2-6** に、粗飼料 NDF の消化率が 40％から 70％に高くなるにつれ、

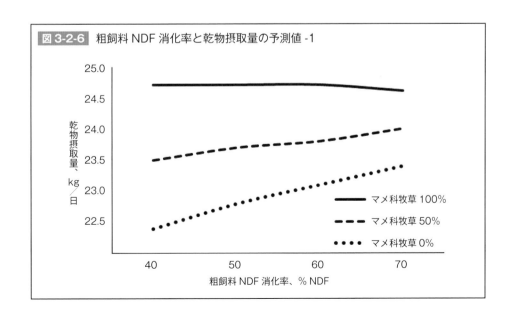

図 3-2-6　粗飼料 NDF 消化率と乾物摂取量の予測値 -1

DMIの予測値がどのように変化するのかを示しました。マメ科牧草だけを給与する飼料設計では、粗飼料NDFの消化率が高くなってもDMIは変わりません。これは、マメ科牧草は物理的に脆いため、その消化性に関係なく、物理的な満腹感に影響を与えにくいからではないかと考えられます。それに対して、マメ科牧草の給与割合が低くなるにつれ（イネ科牧草の給与割合が増えるにつれ）、粗飼料NDFの消化率がDMIに影響を与えるようになります。コーン・サイレージもイネ科の粗飼料です。コーン・サイレージのNDF消化率がDMIに影響を及ぼすことに関しては、多くの研究データがあります。粗飼料タイプにより、粗飼料NDFの消化率の影響が異なることを知っておくのは重要です。

さらに、粗飼料NDFの消化率への牛の反応は、乳量によっても影響を受けます。**図3-2-7**に、粗飼料NDFの消化率への反応を、乳量が20kg/日の牛、35kg/日の牛、50kg/日の牛の三つのカテゴリーに分けて示しました。乳量が50kg/日の高泌乳牛の場合、粗飼料NDFの消化率とDMIには正の相関関係があり、消化率が高くなればDMIが高くなります。エネルギー要求量の高い高泌乳牛の最大DMIは、物理的な満腹感により制限されやすくなっています。消化性の高い粗飼料を食べれば、ルーメンでの物理的な満腹感が軽減され、DMIを高めやすくなります。それに対して、乳量が20kg/日の低泌乳牛の場合、

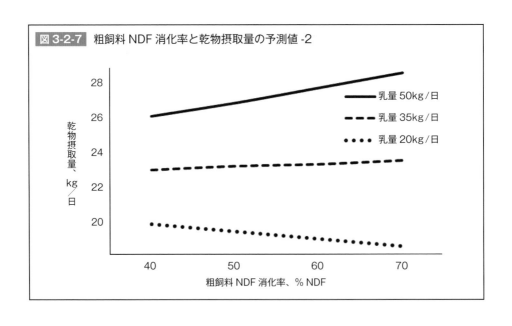

図3-2-7　粗飼料NDF消化率と乾物摂取量の予測値-2

その DMI は代謝上の満腹感により制限されます。十分なエネルギーを摂取できれば、食欲はなくなります。消化率の高い粗飼料を喰えば、それだけ多くのエネルギーを摂取できるので、DMI が低くなるのかもしれません。

これら、粗飼料 NDF の消化率に対する乳牛の DMI における反応・DMI 予測式は、過去の研究データを統計処理して導き出された計算式です。理論だけではなく、実際のデータに裏付けされた予測値です。乳量や粗飼料タイプによって、牛の反応が変わるというのは、少しややこしいかもしれません。しかし、飼料設計に応じて DMI 予測値が変わるという『NASEM 2021』の特徴は、DMI の重要性を再認識させてくれると思いますし、牛の反応をモニタリングするうえで役に立つはずです。

## ▶ 『NASEM 2021』の限界

新しい DMI 予測式も完璧ではありません。DMI に影響を与え得るエサ側の要因は粗飼料センイだけではありません。飼料設計中のデンプン濃度やデンプンの発酵速度、タンパク濃度、脂肪酸のタイプなども DMI に影響を与えることは理解されていますが、それらの情報を DMI 予測式の一部に組み込めるところまで、研究データの蓄積があるわけではありません。

さらに、高センイ副産物飼料を多給している飼料設計では、DMI 予測の精度が低くなることが考えられます。高センイ副産物飼料の ADF/NDF の値には 0.4 〜 0.8 と大きなばらつきがあるからです。高センイ副産物飼料は物理的な満腹感を感じさせにくく DMI も制限しにくいので、ADF/NDF 値の持つ意味合いが粗飼料とは異なります。

さらに、飼料設計のアプローチを考慮に入れた DMI の予測は、泌乳ピーク以降の牛のみに有効です。飼料設計が DMI に与える影響に関しては、フレッシュ牛の DMI 予測式を作れるほどの研究データの蓄積がないからです。『NASEM 2021』に関しては、これらの限界を理解したうえで、DMI 予測値を使うことが求められます。

　飼料設計でのuNDF240（非消化センイ）値の活用が提唱・注目されていますが、今回のDMI予測式には組み込まれませんでした。その主な理由は、マメ科牧草とイネ科牧草で、uNDF240がDMIに与える影響が異なるからです。例えば、イネ科牧草主体の飼料設計の場合、uNDF240での1kg当たりのDMIはマメ科牧草の約2倍です。そのため、uNDF240だけでDMIを正確に予測することは不可能です。将来的には、uNDF240値とADF/NDF値を組み合わせてDMIを予測できるようになるかもしれませんが、そのためにはデータの蓄積が必要です。

# 第3章　エネルギーを理解しよう

　乳牛の飼料設計では、代謝エネルギーや正味エネルギーという単位でエネルギーの需要や供給を計算します。『NRC 1989』では、飼料原料の一つ一つに正味エネルギーの値が与えられ、それらを合計して飼料設計全体での正味エネルギーを計算するという方法がとられていました。『NRC 2001』では、正味エネルギーは、一つ一つの飼料原料が持つ値ではなく、飼料設計全体で計算すべきものだという考え方が示されました。その理由は、同じ飼料原料であっても、どういう牛にどのような飼料設計の中で使うかによって、その消化率が影響を受けるからです。例えば、同じグラス乾草でも、DMIが30kg/日の高泌乳牛に給与すれば、ルーメン内通過速度が速いため消化率は低くなりますが、DMIが10kg/日程度の乾乳牛に給与すれば、ルーメン内での滞留時間が長いため消化率は高くなります。さらに、センイを発酵するルーメン微生物は、ルーメンpHの変化に敏感に反応します。デンプンを多給しているTMRで使う乾草と、粗飼料を多給しているTMRで使う乾草を比較すると、センイの消化率には大きな違いがあるはずです。つまり、飼料原料の消化率は条件次第で大きく変わるため、飼料原料だけを見てエネルギー濃度を計算することは非常にナンセンスであり、正確な計算はできません。

　この点は『NRC 2001』でも指摘されていましたが、『NRC 2001』では「参考値」として飼料原料のエネルギー濃度が示されていました。今回の『NASEM 2021』では、「飼料原料だけを見ていてもエネルギー濃度はわからない」という考え方をさらに進め、飼料原料のエネルギー価を示すことをすべてやめました。参考値もありません。飼料原料で見るのは、栄養成分だけです。そして、乳牛・飼料設計の条件から、それぞれの栄養成分がどれだけ消化されるのかを

予測してエネルギーに換算し、飼料設計全体のエネルギー濃度を計算するという方法をとっています。

## ▶ 『NRC 2001』と何が違う?

『NRC 2001』では、栄養成分として NFC（非センイ炭水化物）を使っていました。この NFC には、デンプンや糖、有機酸、水溶性センイなど、消化率が異なるいろいろな栄養成分が含まれているため、NFC の消化率に基づいてエネルギー濃度を計算することは問題でした。しかし、その後の 20 年間で、飼料原料のデンプン濃度を分析することは一般的になりました。そのため、『NASEM 2021』では、エネルギーを計算する際の栄養成分を NDF、デンプン、脂肪酸、CP、そして残差有機物（その他の有機物：ROM）に分けました。いわば、これまでの NFC 区分の中からデンプンを別扱いにし、ブラック・ボックスになる部分を少なくしたのです。飼料設計の中で NFC は 35 ～ 45％を占めていましたが、ROM は 8 ～ 24％です。ROM にもいろいろな栄養成分が含まれますが、デンプンを分けて考えるようになったことで、エネルギー濃度を計算する精度は格段に高まりました。

『NRC 2001』で、飼料設計中の脂肪酸含量は EE（粗脂肪）含量から 1％を引いたものとして推定されていました。EE には脂肪酸ではないものも含まれているため、これは「苦肉の策」的な計算方法でした。『NASEM 2021』では、脂肪酸を EE からの推定値として扱うのではなく、実際に飼料原料の脂肪酸含量を分析して評価すべきであるという指標が示されました。そして、エネルギー濃度の計算に関しても、EE ではなく、脂肪酸含量に基づいて計算するように変わりました。例えば、カノーラ油や大豆油の場合、EE 含量は 100％ですが、脂肪酸含量で見ると 88％になります。少なくなった 12％分は、グリセリンです。中性脂肪にはグリセリンが含まれますが、グリセリンは脂肪酸ではなく、どちらかというと炭水化物の仲間です。これまでの、炭水化物を脂質の一部としてカウントするアプローチは問題です。飼料原料の脂肪酸含量を分析することに

より、エネルギー計算の精度は高くなります。

　飼料設計からのエネルギー供給量の計算に関して、『NASEM 2021』では大きな変更が加えられました。同じ飼料設計をしていても、『NRC 2001』と比較するとエネルギー濃度が高く表示されることに注意する必要があります。これは、昔の『NRC』で、飼料のエネルギー濃度を過小評価している問題点を改善するためになされた修正です。おもな改善点は、DMI増に伴う消化率の低下に関して大きな修正が加えられたことです。『NRC 2001』では、最初に栄養成分のみに基づいてTDNを計算し、DMIが高くなるとTDNが一律に低下する計算式を使って飼料のエネルギー濃度を算出していました。DMIが高くなると、最大で30%エネルギー濃度が減ると計算していましたが、そのためDMIの高い高泌乳牛で飼料のエネルギー濃度を過小評価しているという問題点がありました。『NASEM 2021』では、DMI増に伴う消化率の減少が起こるのはNDFとデンプンのみとし、その減少度合いも低く見積もりました。そのため、同じ飼料設計を『NRC 2001』と比較すると、『NASEM 2021』のほうがエネルギー濃度が8 ～ 10%ほど高く計算され、高デンプンの設計ではさらにエネルギー濃度が高くなるようです。

　一例として、高泌乳牛用と低泌乳牛用の飼料設計案を**表3-3-1**に示しました。違いがわかるように、あえて簡単で極端な設計です。栄養成分が同じ飼料原料を使って設計しました。低泌乳牛用の設計案は、デンプン濃度が19.4%、脂肪酸が2.3%です。正味エネルギー（NEL）濃度は『NRC 2001』が1.57Mcalと計算しましたが、『NASEM 2021』では1.72Mcalと計算しました。高泌乳牛用の飼料案は、デンプン濃度が29.9%、脂肪酸が4.4%です。算出されたNEL濃度は、『NRC 2001』が1.67Mcal、『NASEM 2021』では1.87Mcalでした。『NRC 2001』のエネルギー計算方法が、実際のエネルギーを過小評価していたとはいえ、これだけ大きく変わると「これまでのエネルギー値は何だったんだ？」という気になるかもしれません。いずれにせよ、『NASEM 2021』を使った飼料設計ではエネルギー濃度が高く出てくることを認識しておく必要があるかと思います。

**表3-3-1** 『NRC 2001』と『NASEM 2021』で計算した
飼料設計のエネルギー濃度の比較

|  | 低泌乳牛の飼料設計 | | 高泌乳牛の飼料設計 | |
|---|---|---|---|---|
| グラス乾草 | 30 | | 20 | |
| アルファルファ乾草 | 30 | | 20 | |
| スチーム・フレーク・コーン | 25 | | 40 | |
| 大豆粕 | 10 | | 10 | |
| DDGS | 3 | | 5 | |
| バイパス大豆粕 | 2 | | 3 | |
| 油脂サプリメント | 0 | | 2 | |
| NEL、Mcal/kg 乾物 | NRC 2001 | NASEM 2021 | NRC 2001 | NASEM 2021 |
| | 1.57 | 1.72 | 1.67 | 1.87 |

## ▶可消化エネルギーの計算方法

　正味エネルギーを計算する最初のステップは、飼料原料の栄養成分から可消化エネルギーを計算することです。具体的に考えてみましょう。

　まず、NDF です。NDF には、わずかですが、CP や灰分も含まれています。これまでは、NDF 値から NDF の一部になっているタンパク質（NDICP）や灰分を差し引いて、純粋な NDF の値を求め、その消化率を計算していました。それは間違いではありませんが、余分な分析が求められる割には、エネルギー計算の精度が大きく高まることはありませんでした。『NASEM 2021』では、エネルギー値の計算精度に貢献しないものは削ぎ落として簡素化しようというアプローチをとり、NDICP や灰分による補正はやめました。その代わり、エネルギー値に大きな影響を与え得る消化率の計算に関しては、精度を上げるための努力をしています。

　基本的に、NDF の消化率は、リグニン濃度から計算できるようになっています。またはインビトロ消化率（48時間）を直接入力することもできます。

しかし、『NASEM 2021』では、それらの基本消化率をそのまま使うだけではなく、DMIや飼料設計中のデンプン濃度が高まるとNDF消化率が下がるとする計算式も導入し、可消化エネルギー濃度を正確に計算できるようにしました。

NDFの消化率は、消化される側だけではなく、消化する側の要因にも影響を受けるため、これは大きな前進です。消化されるNDFは炭水化物なので、1kg当たり4.2Mcalの可消化エネルギーを供給します。

次に、デンプンです。デンプンの消化率は、穀類のタイプ（例：コーン、大麦）や加工方法（例：蒸気圧ペン、粉砕）や粒子サイズなどにより77〜94％という規定値が定められています。それに加えて、DMIに応じて消化率を調整する計算式も導入されました。DMIが高くなれば、デンプンの消化率も下がります。しかし、NDFの消化率のように、飼料設計のアプローチ（例：デンプン濃度）で消化率を調整することはしていません。

NDFと同じくデンプンは炭水化物なので、消化されるデンプンは1kg当たり4.2Mcalの可消化エネルギーを供給します。

次に、油脂からのエネルギーを考えてみましょう。油脂には炭水化物の2倍以上のエネルギーが含まれています。これまではEE（粗脂肪）という栄養区分でしたが、『NASEM 2021』では「脂肪酸」になりました。何が違うのでしょうか？ 例として、中性脂肪について考えてみましょう。

中性脂肪とは、グリセリンに三つの脂肪酸が結合したものですが、グリセリンは炭水化物に分類されるもので脂肪酸ほどのエネルギーはありません。中性脂肪のように、EEには脂肪酸以外のものも含まれます。しかし、乳牛の飼料設計では、飼料原料に含まれる中性脂肪だけではなく、サプリメントとして脂肪酸だけを給与するケースがあります。『NRC 2021』では、脂肪酸％はEE％から1％を引くという計算式を使って、EEと脂肪酸の折り合いをつけてきましたが正確ではありませんでした。『NASEM 2021』では、EEという栄養区分を使うのをやめ、脂肪酸だけになりました。しかし、飼料分析ではEEのデータが出てくるケースが多いと思います。あるいは、EEと脂肪酸の両方のデー

タが出てくる場合もあるかもしれません。これからの飼料分析や飼料設計では、脂肪酸を見ているのか、EE を見ているのかをハッキリと区別する必要があります。

　『NRC 2001』では、脂肪酸はほぼすべて消化されるという計算をしていましたが、研究データの蓄積に伴い、脂肪酸の実際の消化率は、脂肪酸サプリメントのタイプや脂肪酸組成によって大きく異なることが理解されるようになりました。そのため、脂肪酸の消化率を適正に（低く）評価することになり、脂肪酸サプリメント以外の通常の飼料原料に含まれる脂肪酸の消化率は73％、脂肪酸サプリメントの消化率では 31 ～ 76％という数値が使われるようになりました。
　さらに、脂肪酸の消化率はユーザーによる直接入力も可能になり、いろいろな状況に対応して、正確なエネルギー濃度を使って飼料設計ができるようになりました。『NRC 2001』では、DMI が高くなるにつれ TDN が下がるという計算式を使っていたため、事実上、DMI に応じて脂肪酸消化率も低くなっていました。脂肪酸は TDN の一部だからです。しかし、脂肪酸の消化率は、ルーメン内の滞留時間に影響を受けるわけではなく、DMI が高いからといって、脂肪酸の消化率が大きく下がることはありません。これは『NRC 2001』のエネルギー計算式の問題点の一つとされていました。『NASEM 2021』では、脂肪の消化率がDMI などによって補正されないように変更されました。
　消化される脂肪酸は 1kg 当たり 9.4Mcal の可消化エネルギーを供給します。

　次は、タンパク質からのエネルギーです。詳細に関しては 6 章で説明したいと思いますが、基本的に RDP のすべてと RUP の一部が消化されます。この点は『NRC 2001』と同じですが、消化されるタンパク質をエネルギーに変換するにあたり、いくつかの変更が『NASEM 2021』では加えられました。その一つが RDP のエネルギー値です。RDP にはタンパク質も含まれますが、尿素のようにタンパク質ではないもの（NPN）も RDP の一部となります。どれだけの N が含まれているかという視点から見れば、この分類方法は間違いで

はありません。しかし、どれだけのエネルギーが含まれているかという視点から考えると、これは問題です。

　尿素のCPは281％です。そして、その消化率は100％です。消化されるタンパク質は1kg当たり5.65Mcalを供給するという仮定で計算されるため、尿素1kgに含まれる可消化エネルギーは15.9Mcalになります。しかし、尿素に脂肪酸以上のエネルギーが含まれているわけがありません。この問題を解決するため、『NASEM 2021』では、RDPをタンパク質とNPNに分け、タンパク質由来のRDPには1kg当たり5.65Mcal、NPNにはCP1kg当たり0.89Mcalというエネルギー値を与え、タンパク質からのエネルギー供給を正確に計算するようにしました。

　この変更により、NPNの高いサイレージを使う飼料設計の場合、エネルギー値は低くなると考えられます。

　もう一つの変更点は、微生物タンパクに関する補正です。微生物タンパクはRDPから生成されますが、そのすべてが小腸で消化されるわけではなく、微生物タンパクの20％は消化されずに糞中に排泄されます。ここで「ルーメンで分解されたRDPの一部が、小腸で消化されずに糞に出てくる」という矛盾が生じます。乳牛は、小腸で消化・吸収されないタンパク質・アミノ酸を使うことはできません。『NASEM 2021』では、この問題点を解決するために、微生物タンパクの20％は消化されないと仮定し、そのぶんのエネルギーを差し引くという補正式を加えました。

　これらの変更により、タンパク質からのエネルギー計算の精度が高まりました。

　最後に、ROM（残差有機物）からのエネルギーの計算方法です。ROMは、糖やサイレージに含まれる有機酸、水溶性センイなど、雑多な栄養成分の集まりです。いわば、NFCからデンプンを除いた残りですが、『NASEM 2021』では、雑多ついでに糞中に排泄される内因性の栄養成分（例：剥離した表皮細胞）による可消化エネルギーの補正も、ROMの一部として計算しています。『NASEM

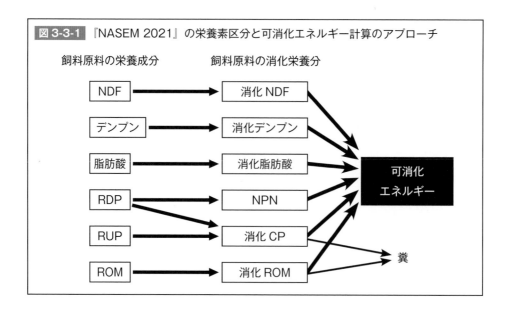

図 3-3-1 『NASEM 2021』の栄養素区分と可消化エネルギー計算のアプローチ

飼料原料の栄養成分　　　飼料原料の消化栄養分

NDF → 消化 NDF

デンプン → 消化デンプン

脂肪酸 → 消化脂肪酸

RDP → NPN

RUP → 消化 CP

ROM → 消化 ROM

可消化エネルギー

糞

2021』では、ROM の消化率を 96％、消化される ROM1kg 当たりのエネルギーは 4.0Mcal としています。厳密に言うと、ペクチンなどの水溶性センイと有機酸では、消化率も違いますし、エネルギー濃度も異なるはずです。しかし、ROM 区分に関してはデータも少ないため、非常にアバウトな扱いになっています。飼料設計中の ROM 濃度は、利用する飼料原料によって大きくバラつくはずです。ROM が 10％以下の設計もあれば、25％近くになる設計もあるかと思います。ROM％が高い飼料設計では、エネルギー濃度の計算の精度は低くなると考えたほうが良いでしょう。あくまでも「参考値」として扱い、エネルギーが足りているかどうかは、牛の様子をしっかりとモニタリングして判断する必要があります。

　図 3-3-1 にまとめましたが、それぞれの栄養区分の可消化エネルギーを合計したものが飼料設計全体の可消化エネルギーとなります。


## ▶代謝・正味エネルギーの計算方法

　乳牛の飼料設計は、代謝エネルギーか正味エネルギーのレベルでバランスを取ります。そのため、可消化エネルギーを代謝エネルギーに、代謝エネルギー

を正味エネルギーに変換することが求められます。次に、『NASEM 2021』で、どのように変換しているのかを簡単に説明したいと思います。

　乳牛は消化したものすべてをエネルギーとして利用できるわけではありません。例えば、尿として排泄されたものはエネルギー源とはなりませんし、メタンガスとして乳牛が放出したものも、乳牛のエネルギー源とはなりません。尿やメタンガスはルーメン発酵や消化の結果、生成されるものであり、可消化エネルギーの一部です。しかし、乳牛が使えるエネルギーではないため、代謝エネルギーの一部としてカウントすることはできません。

　『NASEM 2021』では、代謝タンパク（MP）の供給量が使われた量と比較してどれだけ過剰かという視点から、尿として排泄されるエネルギーを計算しています。MP が過剰であれば、尿として失われるエネルギーが増えるため、可消化エネルギーから代謝エネルギーへの変換効率は低くなります。一例をあげると、MP の過剰分が 1 日 20g の場合、その変換効率は 88%ですが、MP の過剰分が 1 日 120g に増えると変換効率は 85%になります。

　メタンガスとして失われるエネルギーは、DMI、NDF の消化量（kg／日）、飼料設計の脂肪酸濃度（%）から計算されます。DMI や NDF の消化量が増えれば、メタンガスの生成量は増え、脂肪酸の濃度を高くするとメタンガスの生成量が減るという計算式です。一例をあげると、飼料設計中の脂肪酸濃度が 2.5%から 4.5%に増えると、メタンガスの生成量が減るため、可消化エネルギーから代謝エネルギーへの変換効率は 86%から 88%へと向上します。

　新しい計算式の導入により、脂肪酸の可消化エネルギーから代謝エネルギーへの変換効率は高くなりました。『NASEM 2021』で脂肪酸の消化率を以前よりも低く（適正に）見積もっていますが、消化された脂肪酸の代謝エネルギーへの変換効率が高くなる計算式を導入したため、プラスとマイナスが相殺しあいます。そのため、脂肪酸から供給される代謝エネルギーは、『NRC 2001』と大きな違いはないと考えられます。

　それでは次に、代謝エネルギーから正味エネルギーへの変換効率について考えてみましょう。代謝エネルギーと正味エネルギーの違いは、栄養分の摂取・消化に伴う熱エネルギーが含まれているか否かです。栄養分の摂取・消化には熱の発生が伴います。ルーメン発酵で出てくる熱、咀嚼に伴って発生する熱、消化管の収縮に伴って出てくる熱などが、このカテゴリーに含まれます。熱もエネルギーの一形態なので、熱として放出されてしまえば、乳牛が使えるエネルギー、正味エネルギーになりません。

　『NASEM 2021』では、代謝エネルギーに一律66％をかけて正味エネルギーを計算しています。正確に変換しようとすると、センイからのエネルギーとデンプンからのエネルギーでは効率は異なるはずですし、脂肪酸と炭水化物でも効率は異なるはずです。しかし、正確に正味エネルギーへの変換を行なうのに必要なデータはなく、たとえ差があっても、わずかな差だと考えられます。ならば、簡素化しようというのが、『NASEM 2021』の考え方です。


　それでは、飼料設計をする場合、代謝エネルギーを見れば良いのでしょうか？　それとも正味エネルギーで見る必要があるのでしょうか？　答えは「どちらでやっても同じ」です。

　飼料設計のアプローチしだいで、可消化エネルギーから代謝エネルギーへの変換効率は異なります。しかし、飼料設計のアプローチで、代謝エネルギーから正味エネルギーへの変換効率は変わりません。『NASEM 2021』では、一律66％をかけているからです。第2部で、代謝エネルギーと正味エネルギーの違いは、消費税込みで家計簿をつけるか、消費税抜きで家計簿をつけるか程度の違いだと説明しました。乳牛の飼料設計の場合、「消費税」にあたる熱エネルギーは一律34％だと想定して、消費税込み（代謝エネルギー）で飼料設計をする方法でも十分かと思います。

## ▶ BCSとヒート・ストレス

　乳牛のBCSは、泌乳期間中、変化します。そのため、BCSの持つエネルギー価に関してきちんと理解しておく必要があります。

　『NASEM 2021』では、体重1kgの増減は、正味エネルギーに変換すると5.6Mcalになると示されました。BCS一単位は体重の9.4%に相当すると考えられています。体重650kgの乳牛あれば、これは61kgの体重に相当し、乳脂率が3.5%の牛乳490kgのエネルギーに相当します。分娩後のBCS減少が乳量にどれだけ貢献しているのかがよく理解できます。さらに、BCSのエネルギー価は、泌乳中後期でのBCSの回復に必要なエネルギーを計算するのにも役立ちます。

　ヒート・ストレス下では、乳牛のエネルギー要求量が高まることが考えられますが、実際に、どれくらいのヒート・ストレスがかかれば、どれだけエネルギー要求量が高まるのかに関して、計算式を作れるだけの十分なデータの蓄積がありません。たとえ気温が同じ30℃であっても、湿度が異なれば、乳牛が感じるヒート・ストレスは異なります。そのため、飼養環境によりエネルギー要求量を変えるという試みは、『NASEM 2021』では導入されませんでした。これは次の改訂版への宿題です。

第3部　第4章　タンパク質を理解しよう

## 第4章　タンパク質を理解しよう

　乳牛が必要としているタンパク質を十分に供給できているかは、代謝タンパク（MP）を計算して判断します。MPとは、小腸でアミノ酸として吸収されるタンパク質のことで、主に微生物タンパクとルーメンで分解されないタンパク（RUP）で構成されます。

　飼料設計から供給されるMPを計算するためには、摂取したタンパク質がどれだけルーメンで分解されるか（RDP）、分解されずに小腸にたどり着くタンパク質がどれだけか（RUP）、RDPから微生物タンパクがどれだけ合成されるのか、小腸での微生物タンパクとRUPの消化率はどれだけか、これらの計算が必要です。

　『NASEM 2021』がどのような計算をしているのか、一つ一つ見てみましょう。

## ▶ MP の計算方法

　『NASEM 2021』では、RUPの計算式が大きく変わりました。同じ飼料原料であっても、『NRC 2001』と比較して、『NASEM 2021』ではRDP値が高く、RUP値が低くなっています。これは、『NRC 2001』で飼料原料のRUP値を過大評価していたことがわかったために行なわれた修正です。

　具体的には、濃厚飼料となる飼料原料のルーメン内通過速度を下方修正したため（ルーメン内滞留時間が長くなるとしたため）、そのRUP値が下がる結果になりました。『NASEM 2021』を使って飼料設計する場合、RUP値や代謝タンパク（MP）値が低く出てくる可能性があることを認識しておく必要があるかと思います。

118

微生物タンパクの合成量に関して、これまでの『NRC 2001』の考え方は「制限要因は何か？」を突きとめるものでした。微生物タンパクの合成量を制限している要因は何か？ エネルギーか？ RDP か？

　これらの質問に答えるために、乳牛が摂取する TDN からどれだけの微生物タンパクが作られ得るのか、RDP からはどれだけの微生物タンパクが作られ得るのかをそれぞれ計算し、どちらか低いほうを微生物タンパクの合成量とするという計算方法を、『NRC 2001』ではとっていました。低いほうが、微生物タンパク合成の制限要因となっているという考え方です。例えば、RDP から計算される微生物タンパクのほうが TDN から計算される微生物タンパクの量より低い場合、RDP から計算される値を取ります。しかし、RDP を増やして、今度は TDN から計算される微生物タンパクのほうが低くなった場合、TDN から計算される値をとるというアプローチです。

　『NRC 2001』の方法には「TDN から微生物タンパクの合成量を計算する」という大きな理論的な欠陥がありました。TDN のすべてが微生物のエネルギー源とはなりません。例えば、TDN には下部消化器官で消化される栄養素も含まれています。さらに、TDN には脂肪酸も含まれます。脂肪酸や小腸・大腸で消化される栄養素は、ルーメンで微生物が増殖するためのエネルギー源とはなり得ません。しかし、『NRC 2001』では便宜上（データが多いという理由から）、TDN から微生物タンパクの合成量を計算するという間違ったアプローチを取っていました。

　『NASEM 2021』では、この問題点を改め、ルーメンで分解される NDF とデンプン、RDP の三つの変動要因を一つの計算式に含め、微生物タンパクの量を計算するという方法をとりました。新しい計算式により、微生物タンパク合成量の計算精度は高くなりましたが、「脂肪酸の給与量」や「飼料設計中の糖・ペクチン含量」「リサイクル尿素の量」などにより補正をかけることはしませんでした。ルーメン微生物のエネルギー源とはならないものの、脂質給与は微生物タンパク合成に関して、間接的にプラスの影響とマイナスの影響を与えま

す。しかし、それらの間接的な影響は相殺し合うことが考えられるため脂質給与による補正は計算式に含められませんでした。ペクチンなどの水溶性のセンイや糖は、微生物タンパク合成の計算式に含まれているデンプンやNDFではありませんが、ルーメン微生物のエネルギー源となるはずです。しかし、研究データが不十分という理由で、微生物タンパク合成の計算式に糖や水溶性センイは含まれませんでした。

　そのため、ホエーやビート・パルプなど、糖や水溶性センイ含量の高い飼料原料を多用している飼料設計では、『NASEM 2021』が微生物タンパクの合成量を過小評価する（実際の合成量よりも低い値を示す）可能性があることを理解しておく必要があります。


　次に、「リサイクル尿素」に関するコメントです。血液中の尿素の一部は、唾液として、あるいはルーメン壁などから染み出すような形でルーメンに戻ります。ルーメンに戻れば、これはRDPと同じです。これはリサイクル尿素と呼ばれるもので、乳牛のタンパク質摂取量が少なくなればなるほど、その重要性を増します。飼料設計中のCP含量が15％以下になれば、血液中の尿素の21％は消化器官に戻るというデータもあります。リサイクル尿素がルーメンに戻れば、RDPと同様、微生物タンパク合成の材料となります。正確に微生物タンパクの合成量を予測するためには、リサイクル尿素の量も計算に含めるべきなのかもしれませんが、今回の『NASEM 2021』では見送られました。泌乳牛の飼料設計で、CP含量が15％以下の設計をすることは稀だからかもしれません。しかし、リサイクル尿素があるため、RDPが低い飼料設計をしても、『NASEM 2021』が計算するほど、実際の微生物タンパクの合成量は低くならないと考えられます。

　ちなみに、RDPの推奨値に関しては、最低でも飼料設計中の10％給与すべきだが、微生物タンパクの合成を最適化するためであっても12％以上給与する必要はないという指針も出ました。これは、『NRC 2001』よりも少し高めの推奨値になります。

MPは事実上、小腸で消化される微生物タンパクと消化RUPから計算されます。微生物タンパクのうち、どれだけがMPになるのかに関しては、『NRC 2001』の想定値の64％から少し高くなり、65.9％になりました。これまでは64％という値を使っていましたが（微生物粗タンパクのうち80％がアミノ酸からなる真のタンパク質であり、その消化率は80％と仮定）、新たな研究データから微生物粗タンパクのうち82.4％がアミノ酸からなる真のタンパク質であるとし、82.4に消化率の80％をかけて65.9％にしました。RUPに関しては、飼料原料に応じて異なる消化率をかけて消化RUPを計算します。

## ▶ MP vs. アミノ酸

　タンパク質を構成する20のアミノ酸のうち、九つのアミノ酸は「必須アミノ酸」とされています。それらはヒスチジン、イソロイシン、ロイシン、リジン、メチオニン、フェニルアラニン、スレオニン、トリプトファン、バリンです。アルギニンも条件付きで必須アミノ酸とされています。これらのアミノ酸は乳牛の体内で生成できないか、たとえできたとしても十分な量を生成できないため、エサから摂取しなければならないものです。それに対して、その他の非必須アミノ酸は体内で必要な量を生成できるため、あえてエサから摂取する必要はなく、飼料設計でも計算対象とはなっていません。

　乳牛の飼料設計では、MPの供給量を計算しますが、乳牛が必要としているのはMPではありません。改めて述べるまでもなく、乳牛が必要としているのはアミノ酸であり、MPはあくまでも目安です。そのため、乳牛が必要としているアミノ酸を十分に供給できれば、MPが不足しているように見えても、乳牛は生産性を維持できますし、その反対にMPを十分に供給しているように見えても、特定のアミノ酸が足りないというケースもあります。

　『NASEM 2021』では、飼料設計をしたときに、吸収可能となる必須アミノ酸の量を示しますが、それは微生物タンパクの合成量、飼料原料の可消化RUP、そしてそれぞれのアミノ酸組成から計算しています。

　本書では「ルーメン微生物」と大きくひとまとめにして扱っていますが、その中身は多様です。ルーメン微生物には、ルーメン液中にいるバクテリア、消化物粒子に引っ付いているバクテリア、そしてプロトゾアの三つのタイプに分けることができ、それぞれのアミノ酸組成は異なります。

　『NASEM 2021』が微生物タンパクのアミノ酸組成を計算する際には、研究データに基づいて、ルーメンから出ていく微生物の33.4％はルーメン液にいるバクテリア、50.1％は消化物粒子に引っ付いているバクテリア、16.5％はプロトゾアだと仮定し、それぞれのアミノ酸組成を掛け合わせて合計しています。

　当然のことながら、ルーメン内の環境が異なれば、この微生物の割合も変化しますし、微生物タンパク全体のアミノ酸組成も変わるはずですが、『NASEM 2021』の計算式は、そこまで対応するほど洗練されていません。一つ例をあげると、プロトゾアにはバクテリアよりも多くのリジンが含まれています。DMIが高くなれば、消化物のルーメン通過速度は高くなり、想定値よりも多くのプロトゾアが小腸にたどり着きます。そうなると、小腸での実際のリジン吸収量は、『NASEM 2021』が計算しているよりも高くなります。このような形で、アミノ酸吸収量の計算値と実際の値との間にはズレが出る場合があるため、『NASEM』の計算値はあくまでも参考程度に留めておくべきかもしれません。

　『NASEM 2021』では、小腸で吸収されるアミノ酸の量を計算し、そこから乳タンパクの生産量を予測していますが、その計算結果に大きな影響を与えるのは、ヒスチジン、イソロイシン、ロイシン、リジン、メチオニンの五つのアミノ酸です。計算式には、可消化エネルギー摂取量、その他のアミノ酸、可消化NDF、乳牛の体重などの変数も含まれますが、この五つの必須アミノ酸が乳タンパクの生産量を決めるうえで大きな役割を担っているとしています。

　これまで、リジンとメチオニンが制限アミノ酸として知られてきましたが、その次に重要なアミノ酸は、ヒスチジン、イソロイシン、ロイシンのようです。

## ▶樽理論の否定？

　乳タンパクの生産を制限しているアミノ酸は何か？ リジンか？ メチオニンか？

　これらを考えることは、要求量に対して供給量が少ないアミノ酸が、乳タンパク生産の制限要因となり、乳タンパク量を決定しているという理論に基づく発想です。俗に「樽理論」とも言われ、「制限アミノ酸」という概念のもとになる理論です。樽はいくつかの木片からできていますが、一つの木片が短ければ、そこから水はあふれ出てしまい、樽に注ぐ水はムダになってしまいます。どれだけの水を樽に入れられるかは一番短い木片次第である、同様に乳量・乳タンパク生産量は、必要とされるアミノ酸のうち、相対的に供給量の最も少ないものによって決定されるという考え方です。

　『NASEM 2021』では、この考え方が根本から大きく変わりました。極端に言うと「樽理論」の否定です。その理由は、吸収されたアミノ酸の利用効率が変動するため、事実上、「要求量」を正確に計算することができないからです。少し説明しましょう。

　「制限アミノ酸は何か？」を考えるためには、それぞれのアミノ酸の必要量と、その利用効率を知らなければなりません。例えば、あるアミノ酸の必要量が100gとしましょう。そのアミノ酸の利用効率が50％であれば、そのアミノ酸の要求量は200gになります。200gのアミノ酸を吸収できれば、そのうちの50％である100gを利用できるからです。利用効率が変われば、要求量も変わります。例えば、利用効率が55％になれば、要求量は182gに下がります（100/0.55 = 182）。しかし、利用効率が45％になってしまえば、要求量は222gに増えます（100/0.45 = 222）。このように、アミノ酸の要求量は一点でスパッと示せるものではなく、その利用効率により大きく変動するものなのです。

　『NRC 2001』では、MPは67％の効率で乳タンパク生産に利用されるとしていました。しかし、アミノ酸の利用効率は時と場合により大きく変動します。

例えば、同じ TMR を食べている乳牛でも、泌乳前期と泌乳後期では、乳タンパクを作るためのアミノ酸の利用効率は異なるはずです。飼料設計のアプローチもアミノ酸の利用効率に影響を与えます。エネルギーが足りなければ、アミノ酸の一部はエネルギー源として燃焼してしまうため、タンパク質を作るための利用効率は低下します。もし特定のアミノ酸を大量に供給すれば、その利用効率は低下します。その反対に、特定のアミノ酸の供給量が少なくなれば、乳牛は、そのアミノ酸の利用効率を高めることで生産性を維持しようとします。

　このように、さまざまな要因で、アミノ酸の利用効率が変動するため、MP やアミノ酸の要求量を一点で示すことはできないのです。そのため、『NASEM 2021』では、MP やアミノ酸の要求量を示さないという方針をとりました。


　すでに述べましたが、『NASEM 2021』では、エネルギーやアミノ酸（ヒスチジン、イソロイシン、ロイシン、リジン、メチオニン、その他）の供給量から、総合的に乳タンパク生産量を予測します。その計算式を使って、乳量や乳タンパク生産量を予測すると、特定のアミノ酸の供給量が少なくなっても乳量はそれほど大きく低下しないことになります。

　表3-4-1 にアミノ酸バランスを考えた飼料設計案と、アミノ酸バランスを無視した飼料設計案の二つを示しました。アミノ酸バランスを無視した飼料設計案では、タンパク質のサプリメントに大豆粕系の飼料原料を使わずに、コーン系の飼料原料（ディスティラーズ・グレイン、コーン・グルテン・ミール）だけを使って飼料設計を行ないました。これは、ロイシンの供給量が増え、リジンが不足する飼料設計です。しかし、乳タンパクの予測生産量は 1.24kg／日から 1.20kg／日へと、0.04kg しか下がりません。乳タンパク生産量を予測する計算式は、ほかの体器官でのアミノ酸利用が減ったり、乳腺がアミノ酸を取り込む効率が高まることで、実際の乳タンパク生産量が維持されるという考え方を反映しているからです。


　『NASEM 2021』のアプローチでは、飼料設計中のアミノ酸バランスが極端に悪い場合でも、乳タンパクの生産量を過剰に予測する傾向があります。主

| | アミノ酸バランスの良い飼料設計 | アミノ酸バランスの悪い飼料設計 |
|---|---|---|
| グラス乾草、%乾物 | 25 | 25 |
| アルファルファ乾草、%乾物 | 25 | 25 |
| スチーム・フレーク・コーン、%乾物 | 30 | 30 |
| 大豆粕、%乾物 | 10 | 0 |
| バイパス大豆粕、%乾物 | 3 | 0 |
| DDGS、%乾物 | 5 | 13 |
| コーン・グルテン・ミール、%乾物 | 0 | 5 |
| 油脂サプリメント、%乾物 | 2 | 2 |
| MPから可能となる乳量、kg/日 | 48.5 | 49.3 |
| 乳タンパク予測生産量、kg/日 | 1.24 | 1.20 |

**表3-4-1** アミノ酸バランスの良い飼料設計と悪い設計の例

に五つのアミノ酸の吸収量から乳タンパク生産量を予測しているため、**表3-4-1** に示した「アミノ酸バランスの悪い飼料設計」では、リジンの不足とロイシンの過剰分が相殺されてしまいます。このように、アミノ酸のバランスの悪さの悪影響が見えなくなってしまい、乳タンパクの生産量を過剰に予測してしまうことになります。

　『NASEM 2021』では、この点を正すために、それぞれの飼料設計で供給量が理論上足りなくなる可能性が高いアミノ酸を示すことで、「このアミノ酸の給与量を増やせばプラスになるかも」という情報を提供しています。

　**表3-4-2** にそれぞれの必須アミノ酸の利用効率の目標値と、それぞれの飼料設計による予測値を示しました。もし利用効率の予測値が目標値より低ければ、そのアミノ酸は十分に供給されている可能性が高いことを示しています。供給量が多ければ、利用効率が低くても、生産性を維持できるからです。その反対に、利用効率の予測値のほうが目標値よりも高ければ、問題です。これは、供給量が相対的に少ないため、利用効率を目標値よりも高めなければ、生産性

**表3-4-2** 代謝アミノ酸の利用効率の目標値と予測値

| | 利用効率の目標値 | 利用効率の予測値 | |
|---|---|---|---|
| | | アミノ酸バランスの良い飼料設計 | アミノ酸バランスの悪い飼料設計 |
| ヒスチジン | 0.75 | 0.68 | 0.69 |
| イソロイシン | 0.71 | 0.57 | 0.58 |
| ロイシン | 0.73 | 0.60 | 0.48 |
| リジン | 0.72 | 0.65 | 0.77 |
| メチオニン | 0.73 | 0.71 | 0.63 |
| フェニルアラニン | 0.60 | 0.50 | 0.47 |
| スレオニン | 0.64 | 0.55 | 0.56 |
| トリプトファン | 0.86 | 0.67 | 0.77 |
| バリン | 0.74 | 0.62 | 0.61 |

を維持できないことを示しているからです。

　例えば、リジンの利用効率に注目してください。利用効率の目標値は0.72ですが、「アミノ酸バランスの悪い飼料設計」の利用効率の予測値は0.77になっています。この設計での乳タンパク生産予測値は1.20g/日ですが（**表3-4-1**）、それを達成するためには、乳牛はリジンの利用効率を0.77まで高めなければならないと解釈できます。

　これは、即、リジンが足りないということを意味するものではありません。いろいろな条件下で、乳牛がリジンの利用効率を高められれば、計算式が予測する1.20g/日の乳タンパクを生産できるかもしれないからです。しかし、その他のアミノ酸の利用効率の予測値がすべて目標値より低いにもかかわらず、リジンの利用効率の予測値だけが目標値よりも高いという事実は、この飼料設計で一番最初に足りなくなるアミノ酸はリジンである可能性が高いということを示しています。

　このように、『NASEM 2021』で飼料設計のアミノ酸バランスをチェックしたいときは、利用効率の目標値と予測値の比較が求められます。これは、乳牛

のアミノ酸の代謝生理を正確に反映したアプローチなのかもしれませんが、少し回りくどい方法のように見えます。

　総合的に見て、「制限要因となっている栄養素は何か」を考えようとしてきた『NRC 2001』モデルと比較すると、「栄養素の利用効率の変化も含めて総合的に考えよう」という『NASEM 2021』のアプローチは大きく異なります。これは、『NRC 2001』の考え方を否定するものですが、『NRC 2001』が間違っていたということではありません。基本的に、「栄養を摂取して乳生産を行なう」という生物学的な現象を、数式モデルだけで表現しようとすることにはムリがあります。ある数式モデルが別の数式モデルよりもベターであることは、一方が絶対的に正しくて他方が間違っていることにはなりません。正しいか誤りかの二択の問題ではないからです。

# 第5章　炭水化物を理解しよう

　炭水化物は、乳牛の飼料設計の中で主なエネルギー源となるものです。タンパク質や脂質もエネルギー源となり得る栄養素ですが、エネルギー 1Mcal 当たりのコストは炭水化物が最も低いため、炭水化物から効果的にエネルギーを供給できれば、飼料コストを下げつつ乳牛の生産性を維持することができます。

　さらに、炭水化物は乳牛のエネルギー源となるだけでなく、ルーメン微生物が増殖するためのエネルギーも供給するため、間接的にタンパク源ともなります。

　炭水化物は乳量の飼料設計の中で最も重要な栄養素であると言っても過言ではありません。それでは、炭水化物についての理解を含めることにしましょう。

## ▶炭水化物の消化速度が重要な理由

　乳牛の中での栄養素の流れを**図 3-5-1** に示しました。ここで注目していただきたいのは、乾物摂取量と乳量の単位です。kg ではなく、kg／日です。量ではなく、量を時間で割ったもの、つまり栄養素が乳牛の体内に入ってくる速度、あるいは栄養が体外に出ていく速度であるという点です。

　もしどこかで栄養素の流れが滞れば、溢れてしまいます。栄養素が溢れるのを防ぐためには、入ってくる量を制限しなければなりません。その反対に、流れがスムーズであれば、流れる速度も高まります。乳量が増えると（栄養素が体外に出ていく速度が上がると）、栄養素の流れはスムーズになります。栄養素を体内に取り込む速度（乾物摂取量）も上げられます。乳量が高い牛は乾物摂取量も高くなります。

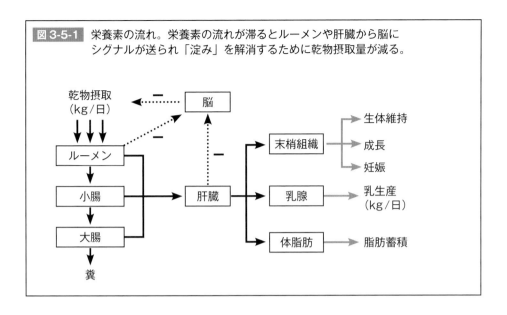

**図 3-5-1** 栄養素の流れ。栄養素の流れが滞るとルーメンや肝臓から脳に
シグナルが送られ「淀み」を解消するために乾物摂取量が減る。

　しかし、消化速度の低い飼料が与えられるとどうなるでしょうか？　ルーメ
ンで栄養素（消化物）の流れが滞ってしまいます。いわば、川の上流で水がダ
ムに堰き止められるような状態になります。ダムは一定量の水は溜められます
が、限界を超えると決壊するかもしれません。

　同様に、ルーメンが消化物を溜められる量にも限界があります。そのため、
一定量の消化物が溜まれば、脳にシグナルを送り、食べるのをやめさせようと
します。栄養素の流れがルーメンで滞れば、栄養素が体内に入ってくる速度(乾
物摂取量、kg/日）を制限することで、ルーメンで消化物・栄養素が「溢れ」
ないようにするのです。

　消化速度の速い飼料が与えられるとどうなるのでしょうか？　ルーメンで消
化物・栄養素の流れは滞らないかもしれません。しかし、血液中から出ていく
栄養素の流出速度よりも、血液中に入ってくる栄養素の流入速度が速い場合、
栄養素の流れが血液中で滞るリスクが高まります。そのリスクを回避するため、
肝臓が脳にシグナルを送ります。肝臓は、消化器官から吸収された栄養素が最
初にたどり着く臓器です。肝臓は、栄養素の流れの淀みを察知して脳にシグナ
ルを送り、栄養素の流入速度（乾物摂取量、kg/日）を下げようとします。

　このように消化速度の違いは、栄養素の流れや滞りに影響を与えることで、乾物摂取量を変えたり、乳量に影響を与える要因となります。

　乳牛が摂取する栄養素の中で、消化速度に最も大きなばらつきがあるのは炭水化物です。例えば、NDF（センイ）は消化速度が低いため、消化物・栄養素の流れがルーメンで滞る原因となります。そして、飼料原料のタイプ、飼料設計のアプローチ、ルーメン環境などの乳牛側の要因により、ルーメンでのNDF消化速度は大きく影響を受けます。そのため、乾物摂取量や乳量を高めるためには（栄養素の流れをスムーズにするためには）、消化物・栄養素の流れがルーメンで滞らないように考える必要があります。

　デンプンは消化速度が速いため、栄養素の流れがルーメンで滞ることはありません。しかし、栄養素が使われるよりも速いスピードで血液中に入ってきそうになれば、乾物摂取量を下げて栄養素の流入を制限しなければなりません。栄養素の流れが血液中で滞らないようにするためです。NDFと同様、デンプンの消化速度も、飼料原料のタイプ、飼料設計のアプローチ、ルーメン環境などの乳牛側の要因により影響を受けます。

　乳牛の体内での栄養素の流れをスムーズにするためには、デンプンの消化速度の違いを意識する必要があります。さらに、炭水化物の消化・発酵速度は、ルーメンpHを変えることで、血液中に吸収される栄養素・代謝燃料のタイプにも影響を与えます。このように、炭水化物の消化は、乳牛の栄養管理を考えるうえで非常に重要です。

## ▶ NFC は時代遅れ

　乳牛に給与する炭水化物には、NDF（センイ）、デンプン、糖などが含まれますが、その区分を正確に理解することは、炭水化物の栄養を考えるうえで最初の一歩です。『NRC 2001』では、炭水化物をNDFとNFC（Non-Fiber Carbohydrates）という二つの区分に大きく分けていました。NFCは下記の式により、直接分析されることなく、引き算で求められる値です。

NFC = 100 − NDF − CP − EE（粗脂肪）−灰分

　いわば、NFC は「その他すべて……」という値であるため、炭水化物ではないもの、例えば、有機酸なども含まれていました。サイレージにはサイロ発酵の結果生成される乳酸が含まれます。乳酸は乳牛にとってはエネルギー源となりますが、ルーメン微生物のエネルギー源とはならず、炭水化物とは役割が異なります。

　『NASEM 2021』での炭水化物の区分を**図 3-5-2** に示しました。中性洗剤で煮沸しても溶けずに残るものを NDF（Neutral Detergent Fiber）、溶けるものを NDSC（Neutral Detergent Soluble Carbohydrates）としました。NDSC という区分は NFC とは違い、有機酸は含まれません。似た区分に見えるかもしれませんが、違いをしっかりと認識する必要があります。
　NDSC は、さらに水に溶ける WSC（Water Soluble Carbohydrates）、デンプン、それ以外の NDSF（Neutral Detergent Soluble Fiber）に分けました。WSC は主に糖類で、NDSF は主にペクチンや β - グルカンです。これらの炭水化物の区分は、下記の消化速度の違いに重点をおいてなされたものです。

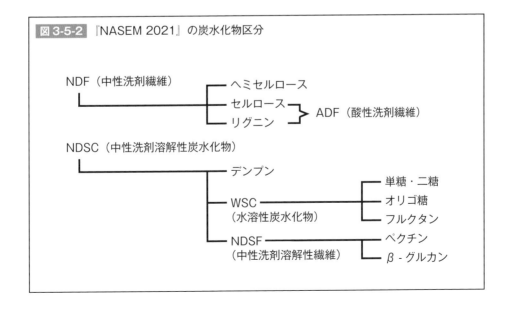

図 3-5-2　『NASEM 2021』の炭水化物区分

NDF（中性洗剤繊維）
　├ ヘミセルロース
　├ セルロース ┐
　└ リグニン  ┘ ADF（酸性洗剤繊維）

NDSC（中性洗剤溶解性炭水化物）
　├ デンプン
　├ WSC（水溶性炭水化物）
　│　├ 単糖・二糖
　│　├ オリゴ糖
　│　└ フルクタン
　└ NDSF（中性洗剤溶解性繊維）
　　　├ ペクチン
　　　└ β - グルカン

■ＷＳＣ：ほぼすべてルーメンで発酵する。

■ＮＤＳＦ：一般的に、発酵速度は WSC より遅いが、デンプンより速い。

■デンプン：一般的に、発酵速度は NDSF より遅いが、NDF より速い。

ルーメン内消化率には大きなばらつきがある。

■ＮＤＦ：発酵速度は最も遅い。

ルーメン内消化率には大きなばらつきがある。


　NDSF と NDF は、いずれもセンイです。化学的な構造は似ていますし、人間の栄養学では、同じカテゴリーで扱われているものです。しかし乳牛の栄養学では、NDF と NDSF はハッキリと区別されています。その理由は、消化・発酵速度が大きく異なるからです。

　すでに説明しましたが、発酵速度が異なれば、栄養素の流れに影響を与えることで、乾物摂取量や乳量にも影響を及ぼします。乳牛の栄養学で、粗センイという区分ではなく、NDF という区分を使うことには大きな理由があるのです。


　『NRC 2001』では、飼料設計中の NFC 含量に基づき、粗飼料 NDF の要求量が変化するようになっていました。20 年前と異なり、今では、粗飼料分析でデンプン含量をチェックすることは一般的になりました。さらに、飼料設計の推奨値として、あるいはエネルギー供給やルーメン発酵の目安としてデンプン含量が使われることも一般的になりました。本書の第 2 部でも解説しましたが、『NASEM 2021』では、飼料設計中のデンプン含量に基づいて、粗飼料 NDF の最低要求量が示されるようになりました。これまで乳牛の飼料設計で使われていた NFC という言葉は「死語」になるかと思われます。

## ▶炭水化物の消化に影響を与える要因

　乳牛に給与する炭水化物で量が最も多いのは NDF とデンプンです。NDFとデンプンは、消化速度が WSC や NDSF より遅いだけでなく、乳牛側の要因、飼料原料の要因、飼料設計のアプローチなどにより、その消化速度に大きなばらつきがあります。

　具体的に、どのような要因が NDF とデンプンの消化に影響を与えるのかを表 3-5-1 にまとめました。そのほとんどの要因は、『NASEM 2021』で乾物摂取量の予測やエネルギー濃度の計算式に使われています。例えば、「乾物摂取量」は飼料設計のエネルギー濃度を計算する式に含められています。同じ飼料設計であっても、乾物摂取量が高ければ消化率が下がるようになっています。

　計算式に直接入力しなくても、間接的に考慮されている要因もあります。例えば、「ルーメン内滞留時間」は NDF とデンプンの消化率に影響を与える要因ですが、『NASEM 2021』の飼料設計ソフトでは、直接「ルーメン内滞留時間」を入力することはしません。しかし、乾物摂取量を入力すれば、「ルーメン内

**表 3-5-1** デンプンと NDF の消化に影響を与える要因

| | 乳牛側の要因 | 飼料側の要因 | 飼料設計側の要因 |
|---|---|---|---|
| NDF | 乾物摂取量<br>ルーメン内滞留時間<br>ルーメン pH<br>センイを分解する微生物の活性 | 粗飼料タイプ<br>リグニン含量<br>物理的脆さ<br>非消化 NDF 含量<br>可消化 NDF 含量<br>パーティクル・サイズ * | デンプン濃度 |
| デンプン | 乾物摂取量<br>ルーメン内滞留時間<br>デンプンを分解する微生物の活性 * | 穀類のタイプ<br>穀類の加工・保存方法<br>パーティクル・サイズ<br>デンプンのタイプ *<br>プロラミン含量 *<br>収穫時の成熟度<br>高水分穀類の保存期間 * | デンプン濃度 * |

* 『NASEM 2021』で乾物摂取量の予測やエネルギー濃度の計算で考慮されていない要因

滞留時間」の違いによって生じ得る消化率の違いをエネルギー濃度に反映することができます。

　同様に、『NASEM 2021』の飼料設計ソフトでは、「ルーメン pH」や「センイを分解する微生物の活性」を入力することもしません。しかし、それらの要因に影響を与える飼料設計中のデンプン濃度が、NDF の消化率を計算する式に含められています。飼料設計中のデンプン濃度が高ければ、ルーメン pH が下がり、センイを分解する微生物の活性度は低下し、NDF の消化率も低下します。

　このように、直接入力しなくても、乾物摂取量の予測やエネルギー濃度の計算に間接的に考慮されている要因もあるため、それらに関してはとくに意識する必要はないかもしれません。


　ここで注意したいのは「NDF やデンプンの消化率に影響を与える」と認識されているのにもかかわらず、『NASEM 2021』の計算に含められていない要因です。**表3-5-1** で、それらの要因に＊印をつけました。これらは飼料設計ソフトが自動的に考えてくれないため、飼料設計を行なう人が意識しておく必要があります。例えば、粗飼料のパーティクル・サイズは、さまざまな形で乾物摂取量や NDF 消化率に影響を与えるはずです。その事実自体を疑う人はいないと思います。しかし、粗飼料のパーティクル・サイズの違いが、『NASEM 2021』の乾物摂取量の予測値に影響を与えることはありません。同様に、粗飼料のパーティクル・サイズの違いも、NDF 消化率の計算式に含められていません。『NASEM 2021』の飼料設計ソフトでは、粗飼料のパーティクル・サイズを入力することはできません。入力しなければ、計算値に反映されることは絶対にありません。そのため、飼料設計をする人が意識する必要があります。

　例えば、「『NASEM 2021』は、乾物摂取量が24kg／日と予測しているが、この酪農家では乾草の切断長が長いため、こんなに喰えないだろう」と考える必要があります。あるいは、「『NASEM 2021』は、この飼料設計でエネルギー要求量は充足できているとしているが、この酪農家ではサイレージの切断長が短いため、アシドーシスになるリスクが高く、NDF の消化率は低いかもしれ

ない」という発想も必要です。

　デンプン消化率に関しても同様のことが言えます。デンプン濃度が高い飼料設計では、全消化器官でのデンプン消化率が下がる傾向があります。それは、ルーメンで発酵しなかったデンプンが大量に下部消化器官に行けば、小腸でのデンプン消化率が下がるからです。しかし、飼料設計のデンプン濃度は、デンプン消化率の計算式に含まれていません。そのため、飼料設計を行なう人がきちんと意識する必要があります。

　コーン・サイレージのデンプン消化率の場合、クラッシャーを使うかどうか、使う場合もクラッシャーの設定値により、収穫されるコーン・サイレージのデンプン消化率は影響を受けます。しかし、これらの要因を入力する項目もありません。これも、飼料設計を行なう人が意識する必要があります。

　同じサイロに詰めたコーン・サイレージであっても、サイロに詰めて数週間後に使い始める場合と、数カ月「寝かせて」から使う場合とでは、デンプン消化率が大きく異なることはよく知られています。数カ月「寝かせた」コーン・サイレージでは、デンプンを守っているタンパク質の一部が水溶化するため、デンプンの消化率が高くなるからです。しかし、「サイロに詰めてから何カ月？」という情報を、『NASEM 2021』の飼料設計ソフトに入力することはできません。そのため、飼料設計をする人は、「ここの酪農家は、コーン・サイレージのサイロを開けたばかりだから、デンプン消化率は低いはずだ。飼料設計の実際のエネルギー濃度は飼料設計ソフトの計算値よりも低くなるだろう」と飼料設計ソフトが出す値を疑う必要があります。

　知識・情報として「正しい」と認識されている事実であっても、それを計算式の一部に組み込んだり、規定値として示すことが困難なケースは多々あります。これは、飼料設計ソフトの限界であり、飼料設計ソフトを使う人が、それらを意識する必要があります。では、どうすればよいのでしょうか？

　対応策の一つは、規定値を変えることを躊躇しないことです。『NASEM 2021』では、飼料原料の NDF とデンプンの消化率を変えられるようになって

います。例えば、収穫後数週間で使い始めるコーン・サイレージの場合、規定値では89％となっているデンプン消化率を、自分の経験（独断と偏見？）に基づいて80％くらいに下げてみるのです。規定値を変えるのは、勇気がいるかもしれません。しかし、これは飼料設計をする人の経験とセンスが問われるところです。規定値ではあっても、明らかに間違っている値を使えば、計算されて出てくる答えも間違いになります。

　英語で「Garbage in Garbage out」という格言があります。直訳すれば「ゴミを入れれば、ゴミが出てくる」となりますが、明らかに間違ったデータを入力して飼料設計ソフトに計算させれば、とんでもない結果が出てくる可能性があります。飼料設計ソフトは「道具」、あくまでも一計算機に過ぎません。『NASEM 2021』に限らず、飼料設計ソフトの限界をきちんと理解しておくことは、飼料設計ソフトを道具として使いこなすうえで重要です。

## ▶ paNDF vs. peNDF

　飼料設計では、NDF含量ではなく、粗飼料NDF含量に注目するように勧められています。粗飼料NDFは、ルーメンpHや乾物摂取量との相関関係が高いからです。しかし、粗飼料NDFには、その切断長（パーティクル・サイズ）に大きなばらつきがあり、ルーメンでの発酵を最適化するためには、パーティクル・サイズにも注意を払う必要があります。このような背景から、NDFの物理性を評価するためにpeNDF（物理的有効センイ）という指標がこれまで広範に使われてきました。peNDFとは、飼料設計中のNDF含量に、特定の孔サイズ（1.18mmか8mm）のふるいに残る部分を掛け合わせて計算されるものです。それぞれの飼料設計がどれだけ咀嚼を促進するかの目安として使われてきました。

　最初、孔サイズが1.18mmのふるいを使ってpeNDFを計算することが提唱されましたが、それは孔サイズ1.18mmのふるいに残る部分がルーメンの中に滞留しやすく、ルーメン・マットの形成に寄与するという研究データがあるからです。しかし、大型反芻動物である乳牛にとって、この「1.18mm」は適切

な基準ではないと考えている研究者も多くいます。最近の研究では、「孔サイズが 8mm のふるいに残る部分」が、ルーメン pH、アシドーシス時間（ルーメン pH が 5.8 以下になる時間）、反芻時間と深い相関関係があると報告されています。

　『NASEM 2021』では、飼料設計ソフトの一部としては導入していないものの、paNDF（Physically Adjusted NDF：物理性補正 NDF）というシステムについて言及しています。このシステムに関しては、MUNCH of Dairy Cows というアプリがあります。スマホで簡単にダウンロードできますので、チェックしてみてください。paNDF システムでは、飼料設計に関連した下記の諸条件を入力します。

□孔サイズ 19mm（ペン・ステート・パーティクル・セパレーターの 1 段目）
　のふるいに残る TMR の割合
□ TMR の栄養濃度（NDF、ADF、CP、デンプン、粗飼料 NDF）
□ TMR 中の特定の飼料原料の割合（粗飼料、高水分粗飼料、綿実・綿実皮・
　綿実粕）
□牛の体重

　すると、ルーメン pH を 6.0 〜 6.1 に保つために必要な「孔サイズ 8mm のふるいに残る TMR の割合」の推奨値と反芻時間（分）が示されます。「孔サイズ 8mm のふるい」は、ペン・ステート・パーティクル・セパレーターの 2 段目です。これはルーメン pH そのものを予測するシステムではなく、適切なルーメン pH を保つのに必要な TMR の物理性を提案するものです。これまでの peNDF では「咀嚼時間がどれだけになるか」という点だけに焦点がおかれ、ルーメン pH に影響を与え得る、TMR の発酵度などの要因は計算式に含められていません。それに対して、paNDF システムは計算式に飼料設計中のデンプン含量を入力するようになっているため、ルーメン pH への影響を考慮に入れた TMR の物理性を考えるのに役立ちます。

## ▶推奨される炭水化物の分析項目

　『NASEM 2021』では、粗飼料分析に関して「DM」と「NDF」は分析すべきだとしています。これがわかれば、飼料設計中の粗飼料 NDF の値を計算できるからです。

　さらに、コーン・サイレージなどデンプン含量の高い粗飼料は「デンプン」含量も分析すべきだとしています。

　あと、マメ科とイネ科の牧草が混じっている粗飼料の場合、「ADF」も分析して、ADF/NDF の割合をチェックすべきだとしています。ADF/NDF の値は、乾物摂取量の予測に大きな影響を与えるからです。マメ科の牧草の ADF/NDF 値は約 0.8 ですが、イネ科の牧草の場合は約 0.6 です。ADF/NDF の値により、マメ科とイネ科の牧草のだいたいの割合を知ることができます。

　これらの分析項目はすべて、粗飼料ごとに大きく変動し、ばらつきの多い成分であるため、いわゆる規定値を使うことはできません。分析して正確な値を知る必要があります。


　イン・ビトロ NDF 消化率に関しては「分析すべきだ」という語調ではなく「分析が勧められる」としています。イン・ビトロ NDF 消化率は乾物摂取量や乳量との相関関係があるからです。

　しかし、そのデータ解釈には注意が必要です。イン・ビトロ NDF 消化率は、乳牛の全消化器官での NDF 消化率とは異なります。さらに、30 時間イン・ビトロ NDF 消化率では、実際の NDF 消化率との相関関係さえない場合があります。イン・ビトロ NDF 消化率の高い牧草は、センイが物理的に脆いためルーメン内でパーティクル・サイズが小さくなりやすく、ルーメン滞留時間を短くしてしまうからです。ルーメン滞留時間が短くなれば、乾物摂取量は高くなるかもしれませんが消化率は低くなります。そのため、実際の NDF 消化率は、30 時間イン・ビトロ NDF 消化率の値との相関関係が低くなると考えられます。『NASEM 2021』に NDF 消化率を入力するときは、48 時間イン・ビトロ消化率のデータを使うように勧められています。

このように、いくつかの制限や注意点があるものの、イン・ビトロNDF消化率のデータは、粗飼料の比較をする上で有用であり、農場内での粗飼料の使い方を考えるうえで、またトラブルシューティングの際に重要な参考データを提供します。

**第6章** 脂質を理解しよう

　脂質とは、炭水化物やタンパク質とともに乳牛のエネルギー源となり得る3大栄養素の一つです。しかし、脂質を1日に何g摂取しなければならない、といった要求量は確立されていません。要求量が存在するのはエネルギーであり、基本的に脂質はエネルギーを効果的に摂取する一手段に過ぎません。

　さらに、脂質は炭水化物やタンパク質とは異なり、ルーメンで発酵したり分解されないため、ルーメン微生物が増殖するエネルギー源とはなりません。逆に、脂質の大量摂取はルーメン微生物にとって「毒」となります。

　反芻動物である乳牛にとって、脂質がエネルギー源として果たす役割には限界・制約があります。しかし、高泌乳牛のエネルギー要求量を充足させるためには、脂質に頼る必要があります。

　本章では、『NASEM 2021』で脂質がどのように扱われているかを簡単に説明し、ルーメンでの脂質代謝や乳牛の反応に関して、『NASEM 2021』に含められなかった最近の研究データをいくつか紹介したいと思います。

## ▶ 『NASEM 2021』vs.『NRC 2001』

　第3章でも説明しましたが、『NRC 2001』と比較し、『NASEM 2021』で導入された最も大きな変更点は脂質の定義です。『NASEM 2021』では、脂質をEE（粗脂肪）ではなく、脂肪酸として見ています。

　植物油の場合、脂質は中性脂肪（グリセリンに脂肪酸三つが結合したもの）の形で存在します。しかし、グリセリンはアルコールの一種であり、そのエネルギー含量は脂肪酸ではなく炭水化物レベルです。さらに、脂肪酸と異なり、グリセリンはルーメンで微生物のエネルギー源となります。そのため、グリセ

リンは中性脂肪の一部であるものの、脂肪酸とは分けて考えるべきものです。グリセリンは、『NRC 2001』では脂質の一部として扱われており、そのエネルギーは過剰に評価されていましたが、『NASEM 2021』では脂質ではなく残差有機物（ROM）の一部として扱われています。『NRC 2001』で飼料設計をすると、その EE（粗脂肪）含量が示されていましたが、『NASEM 2021』では、飼料設計中の合計脂肪酸含量だけが示されるように変わりました。これは要注意です。

　植物油の場合、粗脂肪含量が 100％であったとしても、脂肪酸含量で見ると 88％になります。そのため、一例をあげると、まったく同じ飼料設計をしていても、『NRC 2001』では粗脂肪含量で 5％になり、『NASEM 2021』では合計脂肪酸含量で 4％になる場合があります。「脂質」の定義が異なるため、1％程度の違いが出るのです。

　しかし、常に 1％の違いがあるわけではありません。どういった形で脂質をサプリメントしているかにより、飼料設計中の粗脂肪含量と合計脂肪酸含量の差は異なります。例えば、脂肪酸カルシウムの場合、グリセリンが含まれていないため、粗脂肪含量も合計脂肪酸含量も 84.5％で同じです。脂肪酸サプリメントを多く使う飼料設計では、飼料設計中の粗脂肪含量と合計脂肪酸含量の差は 0.5％くらいになるかもしれません。

　脂肪酸だけを脂質として扱う『NASEM 2021』のアプローチは正しいのですが、現時点では、情報・データが混在しているため、注意が必要です。飼料原料を分析するときには EE（粗脂肪）を分析しているのか、それとも合計脂肪酸を分析しているのかをハッキリと意識する必要があります。

　EE（粗脂肪）の値を合計脂肪酸として扱うべきではありません。研究データを見るときも、EE（粗脂肪）なのか、合計脂肪酸なのかを分けて考える必要があります。最近の研究データでは、飼料設計中の合計脂肪酸を示すものが増えていますが、EE（粗脂肪）含量を示しているものもあり、混在しています。技術普及情報での推奨値を見る場合も、EE（粗脂肪）なのか、合計脂肪酸な

のかを確認する必要があります。同じ5%であっても、粗脂肪と脂肪酸とでは、その意味合いが大きく異なるからです。

『NASEM 2021』で導入された大きな変更点の一つは、炭素数が12以上の脂肪酸組成を計算している点です。具体的には、ラウリン酸（C12：0）、ミリスチン酸（C14：0）、パルミチン酸（C16：0）、パルミトレイン酸（C16：1）、ステアリン酸（C18：0）、トランス・オレイン酸（C18：1）、シス・オレイン酸（C18：1）、リノール酸（C18：2）、リノレイン酸（C18：3）、その他の脂肪酸に分けて、飼料設計全体で、それぞれの脂肪酸の飼料設計全体での濃度や給与量を計算しています。

『NASEM 2021』では、それぞれの脂肪酸の推奨値を出すまでには至っていませんが、脂質を十把一絡げ的に扱うのではなく、脂肪酸の組成に注意を払うべきであるという認識をハッキリと示しています。

脂質の消化率に関しても、大きな修正がなされました。これも第3章で説明しましたが、脂肪酸の消化率として、基本的に73%という数値が示されました。脂肪酸サプリメントの場合、そのタイプに応じて31〜76%という消化率が使われています。

さらに、脂肪酸の消化率はユーザーによる直接入力も可能になりました。『NRC 2001』では、脂肪酸はほぼすべて消化されるという計算をしていましたが、研究データの蓄積に伴い、脂肪酸の実際の消化率は、脂肪酸サプリメントのタイプや脂肪酸組成によって大きく異なることが理解されるようになり、修正されることになったようです。脂肪酸の消化率を適正に（低く）評価することになり、エネルギー計算の精度が高まることが期待できます。

## ▶ルーメンでの脂質代謝

ルーメンでの脂質代謝が、小腸で吸収される脂肪酸のタイプにどのような影響を与えるのかを図3-6-1に示しました。飼料原料に含まれる脂質には、大

きく分けて、中性脂肪、飽和脂肪酸、不飽和脂肪酸の三つのタイプがあります。中性脂肪は、ルーメン微生物によってグリセリンと脂肪酸に分解されます。ルーメン微生物は脂肪酸を分解したり、エネルギー源として利用することはできません。ルーメン微生物にできるのは、不飽和脂肪酸に水素を添加して飽和脂肪酸に変えることだけです。そのため、ルーメン内の飽和脂肪酸は、ルーメン微生物に代謝されることなく、そのままルーメンを通過して小腸へ行きます。しかし、不飽和脂肪酸は、そのほとんどがルーメンで飽和脂肪酸になるため、小腸で不飽和脂肪酸として吸収されるのはごくわずかです。

　脂肪酸カルシウムとして給与される不飽和脂肪酸も、100％そのままの形でルーメンを通過するわけではありません。不飽和脂肪酸と結合しているカルシウムは、微生物が不飽和脂肪酸に水素を添加できないようにします。微生物が不飽和脂肪酸と引っ付く場所を、カルシウムが占領しているからです。しかし、脂肪酸とカルシウムの結合は完全なものではありません。ルーメン pH による影響を受けます。ルーメン pH が低くなれば、一部のカルシウムは脂肪酸から離れてしまい、ルーメン微生物が脂肪酸にアクセスできるようになります。そうなると、不飽和脂肪酸は飽和脂肪酸になりますし、ルーメン微生物の活動にも悪影響を与えます。脂肪酸カルシウムを給与すれば、一部の不飽和脂肪酸はルーメンを「バイパス」し、小腸で吸収される不飽和脂肪酸の量は増えるかも

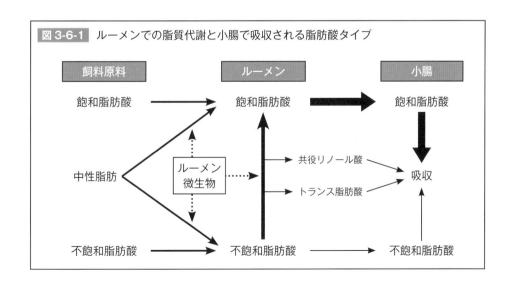

図3-6-1　ルーメンでの脂質代謝と小腸で吸収される脂肪酸タイプ

第3部　ここはハズせない飼料設計経験者のための基礎知識

しれません。しかし、カルシウムが脂肪酸を100％保護するわけではなく、そのすべてがルーメンを「バイパス」するわけではないのです。

　ルーメン微生物による脂肪酸の代謝に関して注意しなければならないのは、共役リノール酸（CLA）やトランス脂肪酸が生成されることです。これは、不飽和脂肪酸が飽和脂肪酸になる過程で出てくる代謝中間体です。小腸で吸収される量は非常に少ないのですが、乳牛の脂質代謝に大きな影響を与えます。

　例えば、一部の共役リノール酸は乳腺での脂肪酸合成を妨げるため、乳脂率を低下させてしまいます。不飽和脂肪酸に水素を添加し飽和させる仕事は、2種類のルーメン微生物がコラボして行なうため、ルーメン環境が悪ければ微生物のバランスが崩れ、乳脂率を低下させる共役リノール酸が多く生成されることがあります。水素添加の前半部分を担当する微生物は、代謝中間体としての共役リノール酸やトランス脂肪酸を生成するのに対して、水素添加の後半部分を担当する微生物は、それらの代謝中間体を飽和脂肪酸にします。後半部分を担当する微生物は低pHに弱いため、ルーメンpHが低くなると、乳脂率を下げる「悪玉脂肪酸」がルーメンに溜まってしまい小腸で吸収されてしまいます。これが、デンプンの過剰給与やセンイの給与不足が乳脂率を低下させてしまうメカニズムです。

　図3-6-2にまとめましたが、ルーメンpHを低下させることで、ルーメン微生物の水素添加の仕事を中途半端にしてしまうのです。

　ルーメン微生物の働きにより、「給与している脂肪酸」と「乳牛が体内に吸収する脂肪酸」は異なります。これは脂質給与を考えるうえで重要なポイントとなります。

## ▶脂質給与と繁殖

　脂質サプリメントは発情回帰を早め、受胎率を向上させ得ることは、多くの研究が示しています。しかし、どのようなメカニズムで脂質給与が繁殖成績を高めるのかを理解しておくことは大切です。脂質給与は飼料コストを押し上げ

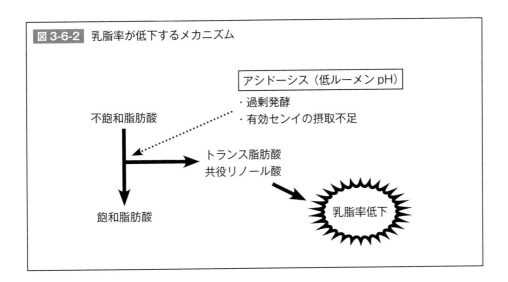

図3-6-2 乳脂率が低下するメカニズム

アシドーシス（低ルーメンpH）
・過剰発酵
・有効センイの摂取不足

不飽和脂肪酸

トランス脂肪酸
共役リノール酸

乳脂率低下

飽和脂肪酸

ますし、脂質給与にメリットがあるケース、あまり効果のないケース、さらに状況次第ではマイナスの影響を与えるケースなどがあるからです。

　多くの人が誤解しているのは、「脂質にはエネルギーがたくさん含まれている、脂質サプリメントをすればエネルギー・バランスが良くなる、だから繁殖成績が向上する」という考え方です。脂質にエネルギーがたくさん含まれていることは間違いではありません。デンプンの2倍以上のエネルギーが含まれています。しかし、脂質の給与量を増やすとDMIが低下することがよくあります。DMIが低下すれば、飼料設計のエネルギー濃度が上がっても、エネルギー摂取量は下がるかもしれません。さらに、脂質給与により乳量が増えれば、エネルギーの需要も増え、結果的にエネルギー・バランスが悪くなってしまうケースもあります。

　しかし、興味深いことに、いくつかの研究は「脂質給与によりエネルギー・バランスが悪化し体重も減った、しかし受胎率が良くなった」と報告しています。これは、脂質サプリメントがエネルギー・バランス云々とはまったく異なるメカニズムで繁殖にプラスの影響を与えていることを示しています。

　脂質給与が繁殖成績を良くする理由として次の四点が考えられます。

第3部　ここはハズせない飼料設計経験者のための基礎知識

■血液中のプロゲステロン濃度を高める

■必須脂肪酸（リノール酸、リノレイン酸）を供給する

■胚の質を高める

■早期胚の損失を低くする


　プロゲステロンは妊娠を維持するのに必要なホルモンです。油脂給与により
プロゲステロン濃度が高くなるのであれば、受胎率が向上することも十分に考
えられます。

　さらに、「脂質」と一口に言っても、いろいろなタイプの脂肪酸があります。
脂肪酸の代表的なものに、パルミチン酸、ステアリン酸、オレイン酸がありま
すが、これらはいずれも牛が自分の体内で作ることができる脂肪酸です。ルー
メン発酵の結果できる酢酸や酪酸などを原材料にして作れるため、これらの脂
肪酸が乳牛の体内で不足することはありません。しかし、リノール酸やリノレ
イン酸という脂肪酸を、乳牛は作ることができません。そのために、これらの
「必須脂肪酸」はエサの形で摂取することが必要になります。


　リノール酸やリノレイン酸といった必須脂肪酸は繁殖機能を高めるうえで大
きな働きをします。具体的には、リノール酸は卵胞の発育にプラスの影響を与
えることで胚の質を高めます。さらに、リノール酸が肝臓でのエストロゲンと
プロゲステロンの分解を抑制するという働きも確認されています。分解が抑制
されれば、血液中のホルモン濃度は高くなります。リノレイン酸には早期胚の
損失を低くするという働きがあります。リノール酸やリノレイン酸は植物性の
脂肪酸の一部であり、濃度こそ低いものの粗飼料には一定量が含まれています。
そのため、脂質サプリメントをあえて行なわなくても、乳牛は一定量の必須脂
肪酸を摂取しています。しかし、どれだけの必須脂肪酸を摂取すれば正常な繁
殖機能を維持できるのかに関しては、研究データがなく、よく理解されていま
せん。


　牛乳にもリノール酸やリノレイン酸は含まれます。乳量が1日20kgの牛と

1日60kgの牛を比較すると、高泌乳牛の場合、リノール酸やリノレイン酸の需要が3倍になっても不思議ではありません。必須脂肪酸を牛乳の形で体外に出してしまえば、そのぶん、エサから余分に摂取する必要があります。牛がどれだけの量を必要としているかに関しては正確な数字はわかりませんが、脂質サプリメント（とりわけリノール酸やリノレイン酸）を行なった場合、エネルギー・バランスに関係なく繁殖成績が向上するというのは、リノール酸やリノレイン酸という必須脂肪酸が持つ"機能性"が関係していると考えられます。

## ▶脂肪酸組成の影響

　泌乳牛の飼料設計では、エネルギー要求量を充足させるために、脂質のサプリメントを行ないますが、脂質濃度の高い飼料原料には大きな特徴・違いがあります。

　脂質にはさまざまな脂肪酸が含まれており、その特性を知ることはとても重要です。脂肪酸のタイプによっては、DMIを低下させやすいものもあれば、乳脂率を低下させやすいものもあります。繁殖成績の向上に効果の高い脂肪酸もあれば、そうでないものもあります。それぞれの脂肪酸には消化率の違いもあります。そのため、飼料設計の中での合計脂肪酸濃度だけではなく、自分が利用している脂質サプリメントに、どのような脂肪酸が含まれているのかを知ることは大切です。

　パーム油脂に多く含まれているのは、パルミチン酸（C16：0）とオレイン酸（C18：1）です。大豆油には、オレイン酸（C18：1）とリノール酸（C18：2）が多く含まれています。カノーラ（ナタネ）油に一番多く含まれているのは、オレイン酸（C18：1）です。脂肪酸のタイプに関係なく、脂質サプリメントを行なえば飼料設計のエネルギー濃度は高くなります。しかし、脂質を給与し過ぎると乳脂率が低下するケースが多々あります。不飽和脂肪酸（オレイン酸やリノール酸）は乳脂率を低下させやすい脂肪酸であると一般的に考えられています。とくに大豆由来の飼料原料（例：加熱大豆、オカラなど）にはリノー

ル酸という不飽和脂肪酸がたくさん含まれているので、乳脂率を低下させやすくなります。

　乳脂率の低下を抑えるために、バイパス加工した不飽和脂肪酸の油脂サプリメントを使うことがあります。しかし、不飽和脂肪酸がルーメンで代謝されずに、そのままの形で小腸にたどり着くと、不飽和脂肪酸として体内に吸収されることになります。そして、不飽和脂肪酸の吸収量が過剰になれば、DMIは下がってしまいます。つまり、DMIや乳脂率の低下を抑えることを考えると、飽和脂肪酸のほうが飼料設計のなかで使いやすい油脂サプリメントだと言えます。

　しかし、繁殖に関しては話が異なります。繁殖機能の面でより大きなプラスの生理的効果が期待できるのはリノール酸（C18:2）やリノレイン酸（C18:3）などの不飽和脂肪酸です。牛は、これらの不飽和脂肪酸を体内で作ることができないため、エサとして摂取する必要があるからです。リノール酸やリノレイン酸は「必須脂肪酸」と言えます。さらに、飽和脂肪酸よりも不飽和脂肪酸のほうが消化率が高いという研究データがあります。

　このように、長所だけを持った脂肪酸は存在しません。そのため、脂質サプリメントを行なう場合は、その目的を意識し、それぞれの農場で最も効果の高いものを選択する必要があります。

　高泌乳牛のエネルギー摂取量を高めるために、乳牛の飼料設計で脂質サプリメントを行なうことは一般的です。しかし、「脂質」と一口に言っても、それを構成する脂肪酸には多くの種類があり、脂肪酸の生理的な効果には大きな違いが見られます。そのため、脂質サプリメントを考えるときには、脂肪酸のタイプを考えることが重要になります。これは「炭水化物」と同じかもしれません。糖も、デンプンも、センイも炭水化物ですが、乳牛の反応には大きな違いが見られるため、炭水化物という大きな区分けで考えることは問題です。それと同様、これまでは「脂質」という大きなカテゴリーで考えられていましたが、

これからの油脂サプリメントを考えるうえで、脂肪酸のタイプに注目することは重要になります。

## ▶パルミチン酸

『NASEM 2021』では、それぞれの脂肪酸給与に関する具体的な推奨値などは示されませんでしたが、過去数年、パルミチン酸に関しては数多くの研究が行なわれ、その理解が深まりました。『NASEM 2021』の一部ではありませんが、パルミチン酸の特徴や、パルミチン酸サプリメントに関する最近の研究を紹介したいと思います。

パルミチン酸（C16：0）は飽和脂肪酸なので、乳脂率やDMIを低下させにくい脂肪酸です。さらに炭素の数がほかの長鎖脂肪酸よりも少ないので、消化率もそれなりに高い脂肪酸です。「飽和脂肪酸よりも不飽和脂肪酸のほうが消化率が高い」と述べましたが、飽和脂肪酸の中で比較すると、パルミチン酸はステアリン酸（C18：0）などの脂肪酸よりも消化・吸収されやすいと言えます。ただ、パルミチン酸は乳牛が自分の体内で作ることができる脂肪酸であり、どうしてもエサとして摂取する必要がある「必須脂肪酸」ではありません。そのため、繁殖面での生理的な効果はあまり多くを期待できない脂肪酸です。

一般的に、脂質の給与量を増やすと、乳脂率が低下することがよくあります。それは、乳牛が摂取する不飽和脂肪酸がルーメン内で“中途半端”に代謝され、乳腺での脂肪酸生成を阻害するトランス脂肪酸・共役リノール酸として吸収されてしまうためです。これらの脂肪酸が体内に吸収され乳腺に行くと、乳腺での脂肪酸生成を阻害してしまいます。

乳脂肪を作る原材料は、（1）乳腺で生成される脂肪酸、（2）エサから摂取する脂肪酸、（3）体脂肪から動員される脂肪酸の3種類があります。脂肪酸サプリメントを行ない、エサから摂取する脂肪酸の量を増やしても、乳腺で生成される脂肪酸の量がそれ以上に減ってしまえば、乳脂率は低下します。プラス1

でも、マイナス1以上の副作用があれば、結果はマイナスになってしまいます。

それに対して、パルミチン酸は飽和脂肪酸なので、脂肪酸の生成を阻害する"悪玉"共役リノール酸の吸収を高めることはありません。そのため、パルミチン酸のサプリメントは乳脂率を低下させるリスクが低く、かつエサからの脂肪酸供給量を高められるので、乳脂率が高くなるのです。

パルミチン酸の給与効果をまとめると次のようになります。
1）DMIを低下させにくい。
2）乳量と乳脂率を同時に向上させる。
3）飼料効率（DMI1kg当たりの乳量・乳脂量）を向上させる。
4）エネルギーが体重増ではなく乳生産に利用されやすい。

パルミチン酸は、とくに夏場のヒート・ストレスがかかる時期に、有用なサプリメントとして使えるかもしれません。ヒート・ストレスでDMIが下がるため、エネルギー摂取量を維持するために（あるいはエネルギー摂取量の低下を最小限に抑えるために）、エネルギー濃度の高い油脂のサプリメントをしたいと思うケースがあります。しかし、乳脂率の低下は避けたいところです。DMIを下げない、乳脂率を下げない、逆にわずかではありますが乳脂率を高める可能性がある、こういった特性を持ったパルミチン酸は、乳牛の栄養管理で使いやすい脂肪酸と言えます。

パルミチン酸のサプリメントをフレッシュ牛と泌乳ピーク牛に行い、その反応を比較した研究があります。

まず、**表3-6-1**に、泌乳ピーク牛へのサプリメント効果を示しました。DMIは変わらず、乳量は3.5kg/日ほど高まり、乳脂率も0.21％高くなりました。エネルギー補正乳量の差を見ると、4.5kg以上増えています。良い事づくしです。

それでは、フレッシュ牛に同じパルミチン酸を給与した場合、どのような反応を示したのでしょうか？　**表3-6-2**に、フレッシュ牛の反応を示しました。乳量に有意差はありませんでしたが、乳脂率が0.4％増えたこともあり、エネ

ルギー補正乳量は3kg以上増えました。泌乳ピーク時ほどではないにしても、フレッシュ牛でも一定のプラスの効果があることが理解できます。

しかし、注目したい点が一つあります。それは体重の変化です。パルミチン酸をサプリメントされた牛は、体重の減少度が大きくなりました。「パルミチン酸給与がインシュリン抵抗性を高める」ことを示す研究データがありますが、エネルギー・バランスの悪化や乳脂率が高くなったのは、インシュリン抵抗性と関係があるのかもしれません。インシュリン抵抗性が高まれば、体脂肪の動員も増え、体重も大きく低下します。乳脂率は高くなりますが、肝機能への負担が大きくなります。生産性を高める効果があっても、インシュリン抵抗性を高めるリスクがあるため、フレッシュ牛へのパルミチン酸給与は注意を要すると考えている研究者もいます。

**表 3-6-1** 泌乳ピーク牛へのパルミチン酸のサプリメント効果（de Souza and Lock, 2019）

|  | 対照区 | パルミチン酸添加 |
|---|---|---|
| DMI、kg/日 | 29.8 | 30.2 |
| 乳量、kg/日 * | 54.6 | 58.1 |
| エネルギー補正乳量、kg/日 * | 56.9 | 61.5 |
| 乳脂率、% * | 3.67 | 3.88 |
| 体重の変化、kg/日 | ＋0.25 | ＋0.22 |

＊パルミチン酸のサプリメント効果あり

**表 3-6-2** フレッシュ牛へのパルミチン酸のサプリメント効果（de Souza and Lock, 2019）

|  | 対照区 | パルミチン酸添加 |
|---|---|---|
| DMI、kg/日 | 22.3 | 22.1 |
| 乳量、kg/日 | 47.2 | 48.6 |
| エネルギー補正乳量、kg/日 * | 48.6 | 51.9 |
| 乳脂率、% * | 4.48 | 4.89 |
| 体重の変化、kg/日 * | -1.89 | -2.65 |

＊パルミチン酸のサプリメント効果あり

## ▶パルミチン酸とオレイン酸の理想の割合

　乳牛の油脂サプリメントへの反応は、脂肪酸のタイプによって異なります。パルミチン酸の場合、体重を減少させるリスクがあるため、フレッシュ牛にとって理想の脂肪酸と言えないかもしれません。

　では、フレッシュ牛にとって理想の脂肪酸というものは存在するのでしょうか？　これまでの数年間にわたってミシガン州立大学で行なわれた五つの試験から得られたデータ（316頭の泌乳牛のデータ）をメタ解析した結果を**表3-6-3**に示しました。これは、パルミチン酸とオレイン酸の理想の割合について検討した研究データです。オレイン酸（C18：1）は、炭素数が18の不飽和脂肪酸です。オレイン酸だけを過剰給与すると、乾物摂取量が低下したり、乳脂率が低下することがあります。しかし、パルミチン酸とオレイン酸を混合するとどうなるのでしょうか？　このような背景から、「パルミチン酸80％＋オレイン酸10％」と「パルミチン酸60％＋オレイン酸30％」の比較をした、これまでの研究データのメタ解析が行なわれました。ちなみに、いずれの油脂ミックスも、残りの10％はほかのさまざまな脂肪酸が少しずつ含まれたサプリメントです。

　いずれのサプリメントもDMIを減少させることはありませんでした。そし

**表3-6-3**　油脂サプリメントにおけるパルミチン酸とオレイン酸の割合が乳牛の反応に与える影響（dos Santos Neto et al., 2020）

|  | パルミチン酸80％＋オレイン酸10％ | パルミチン酸60％＋オレイン酸30％ |
|---|---|---|
| DMI | 影響なし | 影響なし |
| 乳量 | ↑2.8kg/日 | ↑2.3kg/日 |
| 乳脂率 | ↑0.26％ | ↑0.26％ |
| 乳脂量 | ↑0.13kg/日 | ↑0.12kg/日 |
| 体重 | 影響なし | ↑0.21kg/日 |
| 血漿インシュリン濃度 | 影響なし | ↑0.06μg/L |

て、乳量と乳脂率は同じくらい高くなりました。しかし、ここで注目したいのは、体重の変化と血漿インシュリン濃度の差です。「パルミチン酸80％＋オレイン酸10％」を給与された乳牛は、体重やインシュリン濃度に変化はありませんでしたが、「パルミチン酸60％＋オレイン酸30％」を給与された乳牛は、インシュリンの分泌を高め、体重を増やしました。体重が増えるサプリメントというのは、泌乳中後期の牛にはふさわしくないかもしれません。油脂サプリメントにより、過肥になってしまえば、次の分娩移行期での代謝障害のリスクが高まるからです。しかし、乳量が増える、乳脂率も高める、そして体重も増やすという、「パルミチン酸60％＋オレイン酸30％」の組み合わせは、フレッシュ牛にとって理想的なサプリメントになり得ます。

　次に、フレッシュ牛（分娩後24日目まで）を対象にして「パルミチン酸60％＋オレイン酸30％」の油脂サプリメントを行なった研究データを紹介したいと思います。**表3-6-4** に結果を簡潔にまとめましたが、油脂のサプリメントにより、エネルギー補正乳量が3kg増えました。そして、体重の減少度合いが大きくなることもありませんでした。つまり、パルミチン酸単独のサプリメントとは異なり、「パルミチン酸60％＋オレイン酸30％」の油脂サプリメントは、インシュリン抵抗性を悪化させることなく、乳生産を高めたことがわかります。

**表3-6-4** フレッシュ牛への油脂サプリメント（パルミチン酸60％＋オレイン酸30％）の効果（Pineda et al., 2020）

| | 対照区 | 油脂サプリメント |
|---|---|---|
| DMI、kg／日 | 21.4 | 21.2 |
| 乳量、kg／日 | 39.1 | 40.6 |
| エネルギー補正乳量、kg／日 * | 45.6 | 48.6 |
| 乳脂率、％ * | 4.62 | 4.94 |
| 体重の変化、kg／日 | -2.59 | -2.20 |

\* 油脂のサプリメント効果あり

　これまでの乳牛の栄養学の"常識"では、「フレッシュ期は油脂サプリメントを控え、泌乳ピーク時に油脂サプリメントを開始するのがベストだ」と考えられていました。しかし、この試験データは、サプリメントする油脂の脂肪酸のタイプを考えて、理想的な割合で給与すれば（パルミチン酸60%＋オレイン酸30%）、フレッシュ期の牛であっても、弊害なく油脂サプリメントを行ない、生産性を高められることを示しています。

　しかし、「パルミチン酸60%＋オレイン酸30%」という割合は、すべての牛にとって理想の割合ではありません。牛の乳量に応じて、脂肪酸タイプの理想割合も変化するようです。

　最後に、パルミチン酸とオレイン酸の理想の給与割合に関して、2019年に発表された論文の内容を紹介したいと思います。この試験では、泌乳前期の牛を低泌乳牛（平均乳量45.2kg／日）、中泌乳牛（平均乳量53.0kg／日）、高泌乳牛（平均乳量60.0kg／日）の三つのグループに分け、それぞれパルミチン酸とオレイン酸の給与割合の異なる、下記の四タイプの油脂サプリメントを行ないました。

1）パルミチン酸80%＋オレイン酸10%
2）パルミチン酸73%＋オレイン酸17%
3）パルミチン酸66%＋オレイン酸24%
4）パルミチン酸60%＋オレイン酸30%

　高泌乳牛の場合、油脂サプリメント中のオレイン酸の割合が増えるに従い、乳量が高くなりました。生産性を最も高めたのは「パルミチン酸60%＋オレイン酸30%」です。すでに述べましたが、フレッシュ牛の反応が一番良かったのも「パルミチン酸60%＋オレイン酸30%」の油脂サプリメントでした。フレッシュ牛の体重の減少を悪化させることなく、生産性を維持したからです。
　しかし、低泌乳牛の場合、油脂サプリメント中のオレイン酸の割合が少ないほうが乳量が高くなりました。低泌乳牛の乳量を最も高めたのは、「パルミチ

ン酸80％＋オレイン酸10％」の油脂サプリメントでした。乳牛の生産性を高めるのに効果的な脂肪酸のタイプは、泌乳量に応じて異なるようです。

## ▶まとめ

『NASEM 2021』では、乳牛の飼料設計での合計脂肪酸含量は7％以下であるべきだとしています。脂肪酸の過剰給与はDMIを低下させるリスクがあるからです。DMIが低下してしまえば、「乳牛のエネルギー摂取量を高めたい」という脂質サプリメントの大きな目的を損なうことになります。分娩直後の乳牛に関しては、DMIが低下しやすいため、飼料設計での合計脂肪酸含量は5％以下にすべきだという指針も示されました。

もっとも、ここで示した数値は、乳牛の生理的な限界を考えた「最大可能給与量」です。経済効率を考えた理想的な合計脂肪酸含量は、それよりもかなり低いと考えられるため、乳価や乳牛のエネルギー状態などを総合的に考慮したうえで、それぞれの状況での脂質サプリメント量を考えるべきです。

さらに、脂質サプリメントに対する乳牛の反応は、脂肪酸のタイプにより影響を受けます。本章で紹介した一連の研究は、脂肪酸のタイプが乳牛のエネルギーの使い方（乳生産 vs. 体重の維持・増加）に影響を与えることを示しています。

どの牛にも通用する理想の脂肪酸タイプ、あるいは理想の脂肪酸割合なるものは存在しません。脂質サプリメントを行なう場合、その目的（繁殖成績を高めたいのか、乳量を増やしたいのか、乳脂率を高めたいのか、エネルギー・バランスを改善したいのか、効果を期待している対象牛はどれかなど）をしっかりと意識し、サプリメントする脂肪酸を決めることが必要です。

# 第7章　ミネラルを理解しよう

　ミネラルとは、3大栄養素とは異なり、乳牛のエネルギー源とはなりません。しかし、乳牛の体の一部となったり、乳中に分泌されたり、あるいは代謝調整に必要不可欠な栄養素であるため、飼料から一定量を必ず摂取する必要があります。

　ミネラルには大きく分けて、カルシウム（Ca）、リン（P）、マグネシウム（Mg）、ナトリウム（Na）、カリウム（K）、塩素（Cl）、硫黄（S）というマクロ・ミネラルと、亜鉛（Zn）、マンガン（Mn）、銅（Cu）、鉄（Fe）、ヨウ素（I）、コバルト（Co）などのミクロ・ミネラルがあります。マクロ・ミネラルは乳牛にとっての必要量が「g／日」や「％」という単位で示されるのに対し、ミクロ・ミネラル（微量元素）は必要量が「mg／日」や「ppm」という単位で示されます。

## ▶ミネラル「要求量」の決め方

　『NASEM 2021』では、まず「生体維持」「乳生産」「成長」「妊娠」などの要因別に乳牛が必要としている、それぞれのミネラルの量を計算します。

　「生体維持」に必要な量は、糞・尿の形で、それぞれのミネラルがどれだけ排泄されるかを基準に決まります。「体外に出たものを補う」という考え方ですが、「生体維持」のための要求量は、乳牛の体重や乾物摂取量に基づいて計算されます。

　「乳生産」に必要なミネラルは、その多くが乳量に基づいて計算されますが、カルシウムやリンに関しては、乳タンパク生産量に基づいて計算されます。これらのミネラルは、乳タンパクであるカゼインの一部として乳中に分泌されるからです。

そして、「成長」に必要なミネラルは増体速度により、「妊娠」に必要なミネラルは妊娠日数や体重に基づいて計算されます。

　『NASEM 2021』は、乳牛が必要としているミネラルを要因別に計算した後、それらを積み上げて、それぞれのミネラルの必要量の合計を計算します。そして、それぞれのミネラルの吸収効率を考慮に入れて、飼料設計の中でどれだけ給与すべきかを示しています。

　例えば、牛が必要としている量が100gで、その吸収効率が100％であれば、100g給与すれば要求量を充足させられますが、吸収効率が50％であれば、飼料設計で200g給与しなければなりません。もし、吸収効率が20％であれば、500g給与する必要があります。

　飼料原料のタイプにより、吸収効率が大きな影響を受けるミネラルがありますが、それを考慮に入れて、飼料設計の中で給与すべき要求量が計算されます。

　このように、『NASEM 2021』では、要因別に要求量を積み上げるというアプローチでほとんどのミネラルの要求量を計算していますが、硫黄とコバルトは例外です。飼料設計中、硫黄は0.2％、コバルトは0.2ppm 給与すべきだとしています。硫黄は、ルーメン微生物が、メチオニンやシステインというアミノ酸やビオチンやチオミンというビタミンBを作るのに必要なミネラルであり、コバルトはビタミンB12を作るのに必要なミネラルです。乳牛ではなくルーメン微生物の要求を充足させるという視点から、その要求量が飼料設計中の濃度で示されているようです。

　本章では、それぞれのミネラルの要求量がどれだけなのかを示したり、その計算方法を一つ一つ詳細に解説することはしません。それは、『NASEM 2021』を読めばわかることですし、数字だけを羅列しても、読んでいて退屈です。本章では、『NRC 2001』と比較してどう変わったのか、『NASEM 2021』で導入された大きな変更点だけに焦点を絞り、解説したいと思います。

## ▶マクロ・ミネラルの注目点

　カルシウムに関しては、大きな修正が二つなされました。

　『NRC 2001』では、乳生産1kg当たりのカルシウム要求量が、ホルスタインで1.22g、ジャージーで1.45gでした。『NASEM 2021』では、産乳のためのカルシウム要求量が、乳タンパク量に基づいて計算されるように変わりました。その結果、産乳のためのカルシウム要求量は約15％ほど下がることになりました。

　もう一つの修正点は、カルシウムの吸収効率です。これまでと比べて、カルシウム・サプリメントの吸収効率を25～30％程度低く計算することになったため、飼料設計での要求量が高くなりました。例えば、『NRC 2001』では、炭カルのカルシウム吸収効率は75％とされていましたが、『NASEM 2021』では50％に下がりました。石灰石の吸収効率も70％から45％に下がっています。単純に計算すると、同じ量のカルシウム（例:375g）を吸収させるために、『NRC 2001』の計算では炭カルを500gサプリメントしていればよかったのが、『NASEM 2021』の計算では750gのサプリメントが必要なことになります。これまでと同じ感覚でカルシウムのサプリメントをしていれば、『NASEM 2021』では「カルシウム不足」となる可能性があります。ただし、高泌乳牛の飼料設計では、飼料設計でのカルシウム要求量が、ここまで極端に増えることはないかもしれません。『NASEM 2021』では産乳のための要求量が下がったため、吸収効率低下による影響がある程度相殺されるからです。

　マグネシウムに関してですが、その吸収効率が飼料設計中のカリウム濃度に応じて補正されることになりました。マグネシウムはルーメンでの濃度勾配差により吸収されますが、ルーメン液中のカリウム濃度が高くなると、吸収の仕組みが阻害され、マグネシウムの吸収効率が低下します。この拮抗作用に関しては、昔から知られていましたが、これまでは計算式を作るだけの研究データがありませんでした。そのため、クロース・アップの飼料設計などでは、その点を加味して、マグネシウムの給与量を要求量よりもやや多めにすることで対

応してきました。『NASEM 2021』では、マグネシウムの吸収効率の予測精度が高まり、その要求量がより正確に示されるようになりました。

　ナトリウムと塩素に関して、『NASEM 2021』では、いずれも生体維持のための要求量が上がり、産乳のための要求量が下がるという修正が加えられました。生体維持のための要求量が上がったのは、計算方法が変わったことが主な理由です。『NRC 2001』では、尿中に排泄される量を補うという視点から、乳牛の体重に基づいて要求量を計算していましたが、『NASEM 2021』では、糞中に排泄される代謝ナトリウム・塩素（飼料由来ではなく、乳牛が分泌したもの）を補うという視点から、乾物摂取量に基づいて計算されるようになりました。産乳のための要求量が下がったのは、数十年前と比較して乳質が改善されたことと関連があります。乳汁中に分泌されるナトリウムや塩素の量は、体細胞数が高くなると増えます。昔の研究データと比較して、最近の研究データは、乳汁中のナトリウムや塩素の含量が低くなったことを示しており、その結果、産乳のための要求量が下がりました。このような修正が加えられましたが、生体維持のための要求量が上がった効果と、産乳のための要求量が下がった効果が相殺し合うため、泌乳牛の飼料設計全体で見ると、ナトリウムや塩素の要求量に大きな変化はないと言えます。

　ナトリウムとカリウムに関しては、二つの大きな修正が加えられました。
　いずれのミネラルも、『NRC 2001』では吸収効率を90％としていましたが、その後の研究から、ナトリウムとカリウムはほぼすべて吸収されることが明らかになり、吸収効率は100％になりました。
　さらに、『NRC 2001』では、ヒート・ストレス時に発汗により失われる量を補わなければならないという視点から、環境気温が高くなると要求量が増えるような計算式を使っていました。しかし、最近の研究から、発汗により失われる量はごく僅かであることがわかり、あえて要求量として計算に加える必要がないことから、ヒート・ストレスに伴う要求量の変化は削除され簡素化されました。

　カリウムに関しては、成長のための要求量が、1.6g／増体1kgから2.5g／増体1kgへと50％以上アップするという修正も加えられました。これはと畜時の体のカリウム含量（2.49g/kg）に基づいて行なわれた修正です。

　マクロ・ミネラルは、乳牛の酸塩基平衡にも大きな影響を与えるため、DCAD（Dietary Cation Anion Difference：飼料設計中の陽イオンと陰イオンの差）値を計算することが求められます。カルシウムやマグネシウムの影響はゼロではありませんが、尿として排泄される量はわずかで尿pHへの影響も非常に限られているため、乳牛の飼料設計では、ナトリウム、カリウム、塩素、硫黄の四つのミネラルに基づいてDCAD値を計算することが一般的です。

　体重700kg、乳量50kg／日の乳牛の場合、カリウム、ナトリウム、塩素、硫黄の要求量は、それぞれ1.11％、0.25％、0.33％、0.20％になり、それらをもとにDCAD値を計算すると、174mEq/kgになります。泌乳牛のDCADに「要求値」は存在しませんが、『NASEM 2021』では、175mEq/kgを泌乳牛のDCADの「最低推奨値」としています。

　DCAD値が下がれば（マイナスにならなくても）、尿のpHは下がり、乾物摂取量は低下します。泌乳牛の飼料設計のDCAD値が、最低推奨値である175mEq/kgを下回ることは避けなければなりませんが、この値は理想値ではありません。DCAD値が高ければ、乾物摂取量が高くなることを示す研究データが多数あるからです。

　過去の研究データをメタ解析した論文（Iwaniuk and Erdman, 2015）では、DCAD値が0〜500mEq/kgの間で100mEq/kgずつ増えるごとに、乾物摂取量が0.61kg／日、0.31kg／日、0.25kg／日、0.19kg／日、0.13kg／日、増えると報告しています。

　『NASEM 2021』では、泌乳牛の飼料設計での理想のDCAD値は示されませんでしたが、飼料設計時には、乳脂率へのプラスの影響や飼料コストとのバランスも考慮に入れつつ、DCAD値に注視すべきかもしれません。

## ▶ ミクロ・ミネラルの注目点

　ミクロ・ミネラルに関して、『NASEM 2021』で最も大きく変わったのは、「要求量がなくなった」ことです。『NRC 2001』では「要求量」という言葉を使っていましたが、『NASEM 2021』では Adequate Intake（直訳：適切な摂取量）という言葉に変わりました。

　マクロ・ミネラルに関しては、研究データが比較的多いため、「要求量」という言葉を使って乳牛が必要としている量を示すことができます。しかし、ミクロ・ミネラルに関しては研究データが不十分です。そのため、「要求量」という言葉を使わずに「推奨値」を示すようになりました。言葉が変わっただけのことかもしれませんが、興味深い修正点です。

　『NRC 2001』と比較して『NASEM 2021』でのミクロ・ミネラルの推奨値がどのように変わったかを、**表 3-7-1** に乾乳牛と泌乳牛に分けて示しました。基本的に、鉄、ヨウ素、セレンに関しては変更なしです。鉄はサプリメントしなくても必要とされる量を供給できますし、セレンはサプリメントできる上限が 0.3ppm と規制されているからです。

　クロム（Cr）は乳牛にとって必要不可欠な栄養素ですが、その要求量は確立されていません。その理由は、一般的な飼料原料にどれだけのクロムが含まれているかがハッキリとわからないからです。鉄製の粉砕機を使って飼料原料を粉砕すると、クロム含量が 2 倍になるそうです。そのため、飼料原料を分析しても、それが正しい値なのかどうかわからず、飼料設計中の正確なクロム含量がわからなければ、要求量を考えることもできません。あと、クロムを含んだ飼料添加物の利用は法律で規制されています。アメリカではプロピオン酸クロムだけが承認されており、その給与可能な上限は、飼料設計中のクロム含量で 0.5ppm です。体重 1kg 当たり 0.01mg のサプリメント（体重 600kg とすると 6mg/ 日、乾物摂取量 20kg とすると 0.3ppm）で泌乳初期の乳量が増えたと報告している研究がありますが、『NASEM 2021』で、クロム給与の推奨値は示されませんでした。

**表 3-7-1** 『NRC 2001』と比較した『NASEM 2021』でのミクロ・ミネラルの要求量

|  | 乾乳牛 | 泌乳牛 |
|---|---|---|
| コバルト | ↑↑ | ↑↑ |
| 銅 | ↑↑ | ↓ |
| マンガン | ↑↑ | ↑↑ |
| 亜鉛 | ↑ | ↑ |
| 鉄 | 変更なし | 変更なし |
| ヨウ素 | 変更なし | 変更なし |
| セレン | 変更なし | 変更なし |

　コバルトは、ルーメン微生物がビタミン B12 を生成するのに必要なミネラルですが、『NASEM 2021』で推奨値が大幅にアップしました。『NRC 2001』で示されていた要求量は 0.11ppm でした。これは 50 年前に行われた研究に基づき、一定の血漿ビタミン B12 濃度を保つのに必要な量として示されていたものです。しかし、最近の研究は、0.15〜0.18ppm のコバルト含量で肉牛の増体速度が最大になったこと、約 0.25ppm のコバルト含量で肝臓や血漿中のビタミン B12 濃度が最大になったこと、0.20ppm のコバルト含量で乳量にプラスの効果が見られたことなどを報告しています。これらの研究は、これまでの要求量である 0.11ppm では足りないことを示しているため、総合的に判断し、コバルト給与の推奨値がほぼ 2 倍の 0.2ppm へと引き上げられました。

　銅に関しては、生体維持のための推奨値が約 2 倍になりました。銅は主に胆汁の一部として分泌されるものですが、その量がこれまでの想定の 2 倍であることが最近の研究により明らかになりました。「胆汁分泌で失われた銅を補う」という視点から、生体維持のための推奨値が増えました。また、乳汁中の銅含量が 0.04ppm であると報告している最近の研究がありますが、この値はこれまでの想定値であった 0.15ppm の約 27％の濃度です。そのため、乳生産のための銅の要求量は減少することになりました。これらの修正の結果、銅の推奨

給与値は、乾乳牛で増え、泌乳牛（とくに高泌乳牛）で下がることになりました。

　マンガンに関しては、乾乳牛、泌乳牛ともに推奨値が大幅にアップしました。生体維持のための要求量が増えたこともその一因ですが、マンガンの吸収効率の推定値が低くなったことが一番の要因です。これまで約0.75％と推定していた吸収効率が、実際は0.4％程度に過ぎないことがわかったためです。吸収効率が低ければ、乳牛が必要としている量が大きく変わらなくても、サプリメントしなければならない量は増えます。

　最後に、亜鉛です。乾乳牛、泌乳牛ともに推奨値が少し高くなりました。その主な理由は、生体維持のための要求量の計算方法が変わったためです。これまで、要求量は体重に基づいて計算されていましたが、『NASEM 2021』では乾物摂取量に基づいて計算されるように変更されました。

第3部　ここはハズせない飼料設計経験者のための基礎知識

# 第8章　ビタミンを理解しよう

　ビタミンには、乳牛の「要求量」を確立するに足る研究データが十分に存在しません。そのため、ミクロ・ミネラルと同様、『NASEM 2021』では「要求量」という言葉を使わず、「適切な摂取量」という言葉を使って、脂溶性のビタミン A、D、E の推奨値を示しています。本章でも、「要求量」の代わりに「推奨値」という言葉を使いたいと思います。

　ビタミンの推奨値は、g とか mg という単位でなく、IU で示されています。ビタミンにはいろいろな供給源があり、供給源により、同じ機能・効果を得るために必要な量が異なるからです。例えば、ビタミン A の場合、$\beta$ カロテン、レチノール、酢酸レチノール、パルミチン酸レチノールなどにビタミン A の働きがあります。ビタミン A 1 単位（1IU）を供給するために必要な量は、それぞれ 2.5μg、0.3μg、0.344μg、0.55μg と大きくばらつきがあります。ビタミン E も同様です。ビタミン E 1 単位（1IU）を供給するために必要な量は、供給源によって 0.45 〜 1.12mg と異なります。それぞれのビタミン供給源ごとに分けて推奨値を示すことが難しいため、ビタミンの給与推奨値を示す場合、IU という単位を使うのです。

　ビタミンの給与推奨値に関する注意点がもう一つあります。普通、飼料設計では、粗飼料や飼料原料に含まれる栄養素を分析し、足りないぶんをサプリメントするというアプローチをとります。しかし、ビタミンの場合は例外です。飼料原料に含まれるビタミンを分析することはしませんし、たとえ分析したとしても、ビタミンは壊れやすいため、実際に牛の口に入る段階でのビタミン摂取量を知ることは非常に困難です。そのため、ビタミン給与に関する推奨値は、

飼料設計での給与量ではなく、サプリメントとしての給与量です。いわば、飼料原料に含まれているビタミンはあてにしない、乳牛が必要としているビタミンはすべてサプリメントで補おうという考え方に基づくものです。

## ▶ビタミンＡ

ビタミンＡは、低照度視力（夜間視力）、免疫機能、繁殖機能に必要不可欠な栄養素です。『NRC 2001』で、ビタミンＡの要求量は「体重×110IU」と計算されていましたが、『NASEM 2021』では高泌乳牛におけるビタミンＡの給与推奨値が高くなりました。これまでの量では足りないことを示唆するデータはなく、ビタミンＡの推奨値を上げるべきだとする根拠（研究データ）は存在しません。しかし理論的に、高泌乳牛ではビタミンＡが不足することが十分に考えられるため、35kg以上の乳生産をしている高泌乳牛で要求量が高くなりました。少し説明しましょう。

牛乳には1kg当たり1000IUのビタミンＡが含まれており、高泌乳牛は大量のビタミンＡを乳生産により失っています。ビタミンＡの要求量は体重に基づいて計算されるものの、乳中に分泌されるビタミンＡの量はかなりの量です。乳量35kgの牛では、要求量の半分近くになります。もし、泌乳ピーク時に70kgの乳量を出す牛の場合、これまでの要求量（体重だけに基づいて計算される）のほとんどを乳中に分泌していることになります。そのため、高泌乳牛の場合、ビタミンＡの推奨値を考え直したほうが良いのではないかと考えられるようになりました。

『NRC 2001』でビタミンＡの要求量を決めるために参考にした大昔の研究では、乳量35kg以下の乳牛が使われていました。そこで「高泌乳牛にはビタミンＡを追加でサプリメントすべきだ」という考えから、『NASEM 2021』では、これまでの要求量に加え、35kg／日以上の乳量1kg当たり1000IUを追加でサプリメントすべきだという指標が示されました。

　βカロテンそのものはビタミンAではありませんが、乳牛の体内に吸収された後にビタミンAになるため、広い意味でビタミンAと考えられています。βカロテンには、ビタミンAの前駆物質以外の機能もあるため、ビタミンAとは切り離して、βカロテンをサプリメントすべきだと考えている研究者もいます。βカロテンの不足により、繁殖面での悪影響が見られたり、乳房炎に感染するリスクが高いと報告している研究があるからです。しかし、『NASEM 2021』では、βカロテンの給与推奨値が示されることはありませんでした。その理由は、研究データに一貫性が見られないからです。βカロテンのサプリメントをしても効果がなかったと報告している研究も数多くあります。効果のあるなしはケース・バイ・ケースなのかもしれませんが、『NASEM 2021』は「研究データが不十分」としました。

## ▶ビタミンD

　ビタミンDは、主にカルシウムやリンの恒常性を維持するのに必要な栄養素です。ビタミンDは日光を浴びることで表皮で生成されますが、乳牛が必要としているだけのビタミンDを作るには、夏でも数時間、屋外にいる必要があります。通年で放牧している乳牛には、サプリメントとして給与する必要のない栄養素かもしれませんが、屋内で飼養している乳牛の場合、サプリメントが必要です。ビタミンDに関しては、『NRC 2001』では体重1kg当たり30IUという要求量でした。『NASEM 2021』では、育成牛や乾乳牛の給与推奨値に変更はありませんでしたが、泌乳牛の推奨値が40IU/体重kgに増えました。

　その理由は主に二つあります。
　ビタミンDが足りているかどうかは、血漿中の25-ヒドロキシ・ビタミンDの濃度が30ng/mLに達しているかどうかで判断しますが、一部の泌乳牛は20,000IU/日のサプリメントを受けても、このレベルに達していないことが、最近の研究で報告されました。体重650kgの乳牛の場合、『NRC 2001』の要

求量は 19,500IU（650kg × 30IU/体重 kg）ですから、これまでの要求量では足りない可能性があるわけです。その研究は、30,000IU/日のビタミン D サプリメントをしている牛群では、安定して血漿中の 25- ヒドロキシ・ビタミン D の濃度が 30ng/mL 以上を保てたと報告しています。これが、ビタミン D の給与推奨値が高くなった一つ目の理由です。

　さらに最近の研究により、ビタミン D にはカルシウムの恒常性を保つ以外に、免疫機能を強化する働きがあることが理解されるようになりました。これまでの要求量は、Ca 代謝への影響だけを考えて決められていましたが、免疫機能や健康維持のことも考慮すると、ビタミン D の給与量を高めるべきではないかと考えられたわけです。これが、『NASEM 2021』でビタミン D の給与推奨値が高くなった二つ目の理由です。

## ▶ビタミン E

　免疫機能に重要な働きをするビタミン E に関して、『NASEM 2021』ではクロース・アップ期での推奨値が高くなりました。3.0IU/体重 kg です。1 日 1 頭当たりに換算すると、約 2,000IU です。

　ビタミン E は初乳中に多く分泌されますが、これもクロース・アップ期の推奨値が高くなった理由の一つです。私は、『NASEM』の推奨値を「3.0IU/体重 kg で十分だ」というよりも、「最低ラインとして 3.0IU/体重 kg は必要だ」と解釈しています。クロース・アップ期のサプリメント量を 2 倍以上（6.4IU/体重 kg）に増やせば、さらにメリットがあると報告している研究もあるため、状況に応じて 3.0IU/ 体重 kg 以上のサプリメントを考慮してもよいかもしれません。

　極端な量のビタミン E（＞ 10,000IU/日）を給与すれば、牛乳の酸化臭が減るとか、乳脂率の低下が防げるとか報告している研究もありますが、一貫した研究結果ではありません。クロース・アップ期以外では、泌乳牛・育成牛では 0.8IU/体重 kg、乾乳前期では 1.6IU/体重 kg と、『NRC 2001』で示されていた要求量からの変更はありませんでした。

あと、細かい点ですが、もう一つコメントしたいことがあります。ビタミンEには「RRR」と「All-rac」の二つのタイプがありますが、『NASEM 2021』は、「RRR」の単位 mg 当たりの生物学的活性度が2倍あることに言及しています。ビタミンEサプリメントのIUを計算する際には、この点に注意すべきかもしれません。

## ▶まとめ

『NASEM 2021』を読んでいて、「ビタミンの給与推奨値を出すにあたって非常に慎重だな」と感じました。それぞれのビタミンを給与する必要があるのかどうか、どれくらい給与すべきかに関しては、さまざまな研究データがあります。例えば、$\beta$ カロテンに関して、サプリメント効果を示す一定の研究データが存在しますが、『NASEM 2021』で給与推奨値は示されませんでした。水溶性ビタミン（B、C）に関しても、推奨値は示されませんでした。その理由は、乳牛ではビタミンB不足による臨床症状がほとんど見られないからです。飼料原料のビタミンB濃度の分析をすることは一般的ではありませんが、一般の飼料原料にも十分な量が含まれているのかもしれませんし、ルーメン微生物が一定量を生成しているのかもしれません。コリンに関して、バイパス加工したコリンを給与して、乳生産や健康にプラスの影響があったと報告している研究は数多くあります。しかし、乳牛は自分の体の中でコリンを作れるため、必ずエサから摂取しなければならない必須栄養素ではありません。そのため、給与推奨値は示されませんでした。

ビタミンのサプリメント効果のあるなしは、ケース・バイ・ケースです。プラスの効果が見られるケースもあるなら、推奨値を出すべきだ、あるいは推奨値を上げるべきだと考える読者の方もおられると思います。しかし、『NASEM』が給与推奨値を示すというのは非常に重い判断なのかもしれません。「要求量」という言葉は使わなくても、『NASEM』が推奨しているものを、仮に酪農コンサルの判断で使わなかった場合、北米では、そのコンサルは訴えられる可能

性があります。推奨値が示されている脂溶性ビタミンに関しても、「もっと高い給与量を推奨しても良いのでは……」と私が感じる点がいくつかあります。しかし、『NASEM』は「効果が見られるかも……」という値ではなく、「少なくとも、これだけは絶対必要」という値を推奨値として示しているようです。

　ビタミンのサプリメントに関する研究データは絶対的に不足しています。飼料設計をする際には、その限界を理解し、慎重すぎるとも言える『NASEM』の給与推奨値の背景を理解する必要があるかと思います。

第9章 移行期を理解しよう

　分娩移行期とは、分娩3週間前から3週間後までの6週間を指しますが、乳牛の栄養要求量が劇的に変化し、代謝をコントロールするホルモン濃度が大きく変わる特異な期間です。例えば、妊娠後期から分娩直後にかけて、インシュリン、IGF-1、レプチンなどのホルモンの血漿中濃度は下がり、その代わりに成長ホルモンの濃度が上がります。より多くのエネルギーを胎子や乳腺に振り向けるため、脂肪細胞はインシュリン抵抗性を示すようにもなります。その結果、脂肪細胞から動員される遊離脂肪酸（NEFA）濃度は、分娩2週間前から3日前にかけて徐々に上昇していき、分娩1～2日前から急激に増え、そして分娩2～3日後にピークに達します。このNEFA濃度の変化は、ある程度ホルモンの働きによりコントロールされたものですが、DMI減少に伴いエネルギー・バランスがマイナスになると、NEFA濃度は大きく上昇し、炎症、免疫機能障害、脂肪肝、ケトーシスなどの原因となります。

　マイナスになるのはエネルギー・バランスだけではありません。分娩後の数週間、乳牛は体タンパクも動員します。文字どおり、自分の身を削って乳生産を高めようとするのです。血中カルシウム濃度も、初乳生産のため分娩数日前から減少し始めますが、カルシウムの恒常性を維持するための小腸、腎臓、骨の適応に数日かかるため、通常値に戻るのに時間がかかります。適応が遅れれば、分娩後の乳牛は低カルシウム血症になり、ひどい場合は起立不能（乳熱）になります。さらに、血中カルシウム濃度の低下は、免疫機能も低下させてしまいます。

　分娩前後は酸化ストレスも高まる時期です。酸化ストレスとは活性酸素など

による「酸化力」が、体内の「抗酸化力」を上回る状態を指します。分娩前後、エネルギー代謝の急激な増加や炎症反応に伴い、乳牛の体内での活性酸素が増えます。活性酸素とは「地雷」のようなものです。外敵の侵入から身を守るためには必要なものですが、外敵の侵入を防いだ後は速やかに除去しなければ、自分の身を傷つけかねません。活性酸素の除去に必要なものは、ビタミンAやビタミンEなどの抗酸化作用を持つ栄養素です。しかし、それらの血中濃度は分娩前後に大きく低下してしまうため、酸化ストレスが増え、免疫機能が低下してしまいます。免疫機能の低下は、分娩前後に子宮炎や乳房炎が増える原因となります。酸化ストレスを最小限に抑えるためには、ビタミンA、E、銅、亜鉛、鉄、セレンなど、抗酸化機能に必要な栄養素を十分にサプリメントする必要があります。

分娩移行期は、さまざまな代謝障害のリスクが高まる時期です。本章では、一つ一つの代謝障害が起こるメカニズムを考え、『NASEM 2021』で示された栄養管理のガイドラインを解説したいと思います。

## ▶脂肪肝、ケトーシス

脂肪肝やケトーシスの原因となるのは、体脂肪の動員です。血液中のNEFA濃度が高くなれば、肝臓はエネルギーを必要としているかどうかにかかわらず、NEFAを肝臓内に取り込みます。そのため、分娩前後に血中NEFA濃度が高まれば、肝臓が「処理」しなければならない脂肪酸の量は劇的に増えることになります。

肝臓での脂質代謝を**図 3-9-1** に示しましたが、一定量までなら、エネルギー源として利用したり、リポタンパクを作ることによって処理できます。しかし、肝臓の処理能力を超える大量の脂肪酸が入ってくれば、中性脂肪として肝臓に溜まりはじめます。肝臓に脂肪が付けば、血糖を作ったりアンモニアを解毒するなどの肝機能が低下するため、酸化ストレスや炎症の原因となり、免疫機能不全のリスクも高めます。

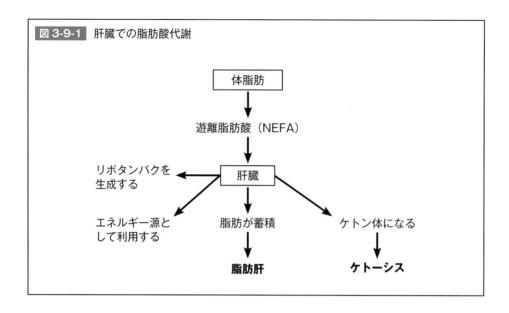

図 3-9-1　肝臓での脂肪酸代謝

　肝臓の処理能力を超える脂肪酸が入ってくれば、肝臓は大量のケトン体を作るようにもなります。ケトン体の一種である $\beta$ ヒドロキシ酪酸（BHB）の血中濃度が 1.2mM 以上になれば、ケトーシスと見なされます。

　ケトーシスには２種類あります。タイプ１のケトーシスは、分娩後数週間してから起こるもので、脂肪肝との関連は低いと考えられています。直接の原因は、DMI 不足・血糖不足なので、血糖値を上げることで肝臓の脂肪酸処理能力を高めてやれば解決します。具体的には、飼料設計でデンプンを増給したり、プロピレン・グリコールのサプリメントなどにより解決する、対応しやすいケトーシスです。

　それに対して、タイプ２のケトーシスは、分娩直後に脂肪肝と併発して起こるケトーシスです。原因が脂肪肝なので、プロピレン・グリコールのサプリメントなどでは根本的な問題の解決になりません。

　脂肪肝・ケトーシスのリスク要因は、過肥と低 DMI です。DMI に関しては、分娩前の DMI のレベルではなく、分娩直前の「DMI の変化」のほうが重要です。分娩前に高デンプンの飼料設計をすれば、DMI を高め、分娩前の NEFA 濃度はある程度低められるかもしれません。しかし、分娩後の脂肪肝を減らすこと

はできません。どうしても、分娩直前の DMI の落差が大きくなってしまうからです。

脂肪肝やケトーシスを予防するためのアプローチに関しては、さまざまな研究がなされています。分娩前の脂質給与・サプリメントに効果があるのではないかと考えている研究者もいますが、その効果には一貫性がないようです。脂肪酸のタイプにより乳牛の反応が異なるからではないかと考えられます。サプリメントに関する研究も行なわれています。ナイアシンのサプリメント効果は限定的のようですが、バイパス・コリンに関しては一定の効果が見られているようです。しかし、『NASEM 2021』では、これらサプリメントの「要求量」は示されていません。

## ▶低カルシウム血症、乳熱

血漿カルシウム濃度の通常値は 9 〜 10 mg/dL です。分娩後に、血漿カルシウム濃度が 4.5mg/dL 以下になれば、起立不能になり乳熱と診断されます。経産牛の 5％が経験する代謝障害です。それに対して、血漿カルシウム濃度が 8.0mg/dL 以下になるものは低カルシウム血症と見なされ、経産牛の 50％、初産牛の 25％が経験します。起立不能にはならなくても、低カルシウム血症は、免疫機能障害、子宮炎、第四胃変位、後産停滞、乳房炎、ケトーシスなどのリスク要因となります。

体重が 650kg で DMI が 12kg/日の乳牛の分娩前のカルシウム要求量は、生体維持のために 11g/日、胎子の成長のために 13g/日で、合計 24g/日です。それに対して、初乳や移行乳の生産のために必要なカルシウムは 35g/日です。分娩前後の数日でカルシウムの要求量が激増しますが、血液中の出し入れ可能なカルシウムの量は体重 1kg 当たりで 10mg しかありません。体重が 650kg の乳牛でも、わずか 6.5g です。乳生産により失われるカルシウムの1/5 〜 1/6 程度の量に過ぎません。

　この事実は、分娩後は乳生産のために失われたカルシウムを、すぐに補充する必要があることを示しています。乳牛は骨に大量のカルシウムを蓄えているため、乳牛自身がカルシウム不足になることはありません。しかし、血液中から失われたカルシウムを素早く補充できなければ、血液中のカルシウム濃度が低下し、低カルシウム血症となります。

　初産牛は、多経産牛よりも低カルシウム血症になるリスクが低いとされています。初産牛は、まだ成長を続けているからです。成長中の初産牛は、骨も伸びています。骨を成長させるためには、骨を破壊する「破骨細胞」と骨を作る「骨芽細胞」の両方が必要です。骨を壊す「破骨細胞」が必要なのは、骨の形を維持しながら骨を伸ばすためです。カルシウムは、この破骨細胞から出てきます。成長中の初産牛の場合、カルシウムが足りなくなれば、破骨細胞を活性化させるだけで済みます。すでに破骨細胞が存在しているからです。簡単にカルシウムを動員できます。

　それに対して、成長を終えた成牛の場合、カルシウムを動員するためには、破骨細胞を作るところから始めなければなりません。これには時間がかかります。低カルシウム血症の原因は、カルシウム不足ではありません。カルシウムの補充が遅れることが原因です。そのため、カルシウムをすぐに動員できる態勢が整っている初産牛では、低カルシウム血症になるリスクが低いのです。

　低カルシウム血症を予防する栄養管理として、分娩前の飼料設計でDCAD値を下げるアプローチが確立されています。これは、カルシウムの恒常性を維持する働きのある、PTHというホルモンへの反応を高めることが目的です。PTHには、骨に働きかけてカルシウムの再吸収を促進する、腎臓に働きかけて尿として排泄されるカルシウムを減らしたりビタミンDを活性化させる、そして小腸でのカルシウム吸収を促進するなど、血液中のカルシウムを補充するのに必要不可欠な力があります。

　骨や腎臓のPTHへの反応は、DCAD値の影響を受けます。DCAD値は、ナトリウムやカリウムなどの陽イオンと、塩素や硫黄などの陰イオンのバラン

スで決まるもので、飼料中のナトリウムやカリウムが増えればDCAD値は高くなり、塩素や硫黄が増えればDCAD値は低くなります。DCAD値が高くなれば、血液のpHが少し高くなり、PTHへの反応が鈍ります。それに対して、DCAD値を低くすれば、血液のpHが少し下がり、PTHへの反応が良くなります。これは、血液のpHがPTHのレセプター（受容体）の形状を変えるからではないかと考えられていますが、DCAD値を下げることは、PTHへの反応力を高めることで、低カルシウム血症の予防につながるのです。

　例えで考えてみましょう。血液中のカルシウムは財布に入っている現金のようなものです。すぐに使えます。それに対して、骨に蓄えられているカルシウムは銀行に預けてあるお金のようなものです。自分のものですが、使うためには一定の「手続き」が必要です。銀行からお金を引き出すためにはキャッシュカードが必要です。PTHというホルモンは、このキャッシュカードに似ています。しかし、キャッシュカードを使うためには、キャッシュカードを認識できるATMが必要です。骨や腎臓にあるPTHのレセプターは、このATMです。キャッシュカードを持っていても、暗証番号を忘れていたり、何らかの理由でATMがキャッシュカードを認識できなければ、お金を引き出すことはできません。分娩前の飼料設計でDCAD値を下げるというアプローチは、ATMがキャッシュカードを認識できるようにきちんとメンテナンスを行ない、必要なときにすぐにお金を引き出せる状態にしておくのと似ています。


　DCAD値をマイナスにする手段として、陰イオン塩（塩素や硫黄）サプリメントの利用が一般的です。低カルシウム血症の予防効果を得られるだけの十分なサプリメントができているかどうかは、尿のpHを計測して判断しますが、どこまで尿のpHを下げればよいのでしょうか？

　陰イオン塩をサプリメントしていない乳牛の場合、尿のpHは約8.0です。尿pHを7.3まで下げれば一定の生理的な効果が見られますが、分娩直後のカルシウムの恒常性を高めるためには、尿pHを7.0以下まで下げる必要があるとされています。尿pHを6.7まで下げられれば、低カルシウム血症を予防する効果は尿pHが5.5の場合と同程度だという研究データがあります。尿のpH

が 6.3 以下になると DCAD 値と尿 pH の相関関係は低くなり、5.3 以下になると完全なアシドーシス状態となり DMI が激減するようです。

『NASEM 2021』では、理想の尿 pH をピンポイントで示すことはしていませんが、これらの情報から尿 pH を 6.5 ～ 7.0 に下げることが目標になるかと思います。DCAD 値を下げる栄養管理をすれば、カルシウムを増給する必要があると考えている研究者もいますが、その根拠は乏しいようです。『NASEM 2021』では、カルシウムの要求量さえ充足させていれば、それ以上にカルシウムを増給する必要はないとしています。

DCAD 値を下げることは、低カルシウム血症を予防する栄養管理として確立されていますが、分娩前にカルシウムの吸収を抑えることによっても、低カルシウム血症の予防は可能です。分娩前の乳牛をカルシウム不足の状態にすれば、血液中の PTH 濃度が上がるため、PTH への反応に関係なくカルシウムの恒常性を維持できます。あるいは、カルシウムの動員に必要な破骨細胞を、分娩前から作っておけるのかもしれません。いわば、乳牛をカルシウムに対してハングリーな状態にし、カルシウムをすぐに動員できる状態に置くというアプローチです。

理論的には理にかなっていますが、分娩前の乳牛をカルシウム不足の状態にするのは非常に困難です。たとえカルシウムのサプリメントをしていなくても、粗飼料などの一般飼料原料には一定のカルシウムが含まれているため、DMI を制限しない限り、乳牛をカルシウム不足の状態にすることは難しいと言えます。そのため、ゼオライト A などのカルシウム・バインダーのサプリメントを利用している酪農家もいます。コスト的に見合うかどうかは別問題として、低カルシウム血症を予防する効果はあるようです。カルシウムの給与量を下げなくても、カルシウムの吸収を妨げることで、カルシウムにハングリーな体を作れるからです。

分娩前のリンの給与量にも注意する必要があります。リンを過剰給与すれば、腎臓での活性型ビタミン D の生成が低下し、低カルシウム血症の症状を悪化

させることがあります。活性型ビタミン D が少なくなれば、小腸でのカルシウム吸収が低下してしまうからです。ただし、リンに関しては、要求量さえ充足させれば、それ以上の給与は必要ありません。

マグネシウムは PTH の分泌に必要なミネラルです。血中の通常値は 1.9 ～ 2.4mg/dL ですが、2.0mg/dL 以下になれば不足と判断され、1.25mg/dL 以下になれば PTH の分泌に悪影響が出るとされています。分娩前の飼料設計では乾物比で 0.3 ～ 0.4％必要です。


カルシウムの恒常性を維持するうえでビタミン D も必要不可欠な栄養素ですが、『NASEM 2021』が示しているビタミン D の要求量を充足させていれば十分であり、それ以上のサプリメントは必要ありません。乳熱を効果的に防ぐために必要なビタミン D の投与レベルは、毒性レベルにも近いので注意が必要です。

ビタミン D は、肝臓で 25 -ヒドロキシ・ビタミン D になり、腎臓で活性化されて 1, 25 -ヒドロキシ・ビタミン D になります。カルシフェジオール（25-ヒドロキシ・ビタミン D）の給与・注射効果を調べた研究がいくつかありますが、一貫した給与効果は見られていません。活性型ビタミン D（1, 25 -ヒドロキシ・ビタミン D）のサプリメントは、短期的な効果はあるようですが、腎臓での生成量を低めるため、5 ～ 12 日後に低カルシウム血症を誘発するケースがあるようです。利用する場合は、投与量を徐々に減らしていくなどの注意が必要とされています。


## ▶第四胃変位、後産停滞、浮腫

第四胃変位は、分娩直後に発生リスクの高まる疾病です。通常、第四胃は牛体の底の部分、ルーメンの下に位置しており、ルーメン内に消化物がギッシリと詰まっていれば、その位置が簡単に変わることはありません。妊娠後期、乳牛の体内では子宮が占める容積が増え、ルーメンの容積が 1/3 ほど減少しますが、分娩後、子宮の収縮に伴ってできる空間をルーメンが占有できない場合、第四胃の位置が

変わりやすくなります。何らかの理由で乾物摂取量が低くなり、ルーメン内の空きスペースが増えれば、第四胃変位のリスクはさらに高まります。

　低カルシウム血症になっている乳牛は、第四胃の運動性や収縮力も大きく低下します。カルシウムは筋肉の収縮に必要な栄養素だからです。第四胃は胃酸を分泌しますので、ルーメンから流入するバッファー成分（炭酸水素イオン）と反応し、大量のガス（二酸化炭素）が発生します。第四胃がきちんと収縮すれば二酸化炭素はルーメンに戻りますが、収縮しなければガスは第四胃に溜まりつづけ、第四胃の位置が変わりやすくなります。ガスが溜まると、第四胃は右上や左上に移動して消化物の流れを阻害し、乳牛はDMIを激減させます。

　このように、第四胃変位は、物理的な理由、生理的な理由、複合的な要因が重なって起こる疾病であるため、リスク要因も多用です。双子出産の場合、分娩直後の空きスペースが相対的に増えるため、第四胃変位のリスクを高めます。ケトーシス、脂肪肝、過肥、乳熱など、分娩直後のDMIを低下させる要因はすべて、第四胃変位のリスクを高めます。ルーメン内がスカスカであれば、分娩直後の体内の空きスペースをルーメンが占有できなくなるからです。低カルシウム血症や物理性のあるセンイの給与不足も、リスクを高めます。消化器官の収縮力を低下させてしまうからです。

　第四胃変位を予防するためには、それぞれの農場でのリスク要因を特定して対策を講じることが求められます。

　後産停滞も分娩直後に起こる疾病ですが、免疫機能や低カルシウム血症との関連が深いため、ある程度、栄養管理により予防することができます。ビタミンA、ビタミンE、βカロテン、セレンなど、免疫機能に関連のある栄養素のサプリメントが十分かチェックすることが必要です。低カルシウム血症になれば子宮の収縮力が低下しますので、後産停滞のリスクも高まります。

　前項で解説した、低カルシウム血症を予防する栄養管理は、自動的に後産停滞の予防にもなります。極度のタンパク不足や過肥も後産停滞のリスクを高めるという研究データがあるので、これもチェックポイントです。

浮腫は、乳腺の細胞空間に体液が溜まる疾病であり、初産牛に多く見られます。痛み・不快感を伴い、ミルカーを装着しづらくなるため、乳頭や乳房の損傷、乳房炎のリスクを高めます。リンパ液の流れの滞り、血漿タンパク濃度の低下、塩分（ナトリウム、カリウム、塩素）の過剰摂取など、その原因は多岐にわたるため、対処方法を検討するのも困難です。

　分娩前のタンパク不足を避ける、ミネラルの過剰摂取を避けるなどの対策が一般的ですが、酸化ストレスとの関連もあるため、ビタミン E か亜鉛のサプリメントにより浮腫を予防できると推奨している研究データもあります。

## ▶クロース・アップ期の DMI 予測

　『NRC 2001』での DMI 予測では、飼料設計の要因が予測式に含められていませんでしたが、『NASEM 2021』では飼料設計中の NDF 含量が予測式に含められることになりました。クロース・アップ期の経産牛の DMI 予測を**図3-9-2**に示しましたが、注目したい点が二つあります。

　その一つは DMI の予測値が下がったことです。これまでの予測値は、NDF 含量が 30％という泌乳牛並みの設計での DMI 予測値と近いようですが、実際

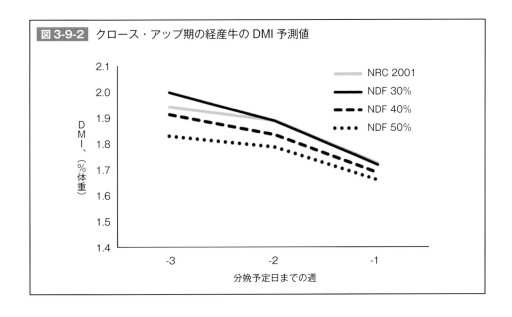

図 3-9-2　クロース・アップ期の経産牛の DMI 予測値

に、そのような低 NDF の設計をすることはほとんどないと思います。分娩前の乳牛に給与している高 NDF の設計での現実的な乾物摂取量を予測することは、TMR の栄養濃度を決めるうえで重要です。TMR の場合、乳牛の栄養摂取量は、乾物摂取量に TMR の栄養濃度を掛け合わせたものになります。もし実際の乾物摂取量が低いのであれば、意図した量を給与するために栄養濃度を高めなければなりません。クロース・アップ期の乳牛の場合、エネルギー要求量は簡単に充足させられるため、エネルギー濃度を高める心配は必要ないかもしれません。しかし、ミネラルやビタミンの給与濃度は再確認する必要があります。実際の DMI が低いのであれば、目標量を給与するために栄養濃度を高める必要があるからです。クロース・アップ期の DMI を高めに予測していた『NRC 2001』の計算式では十分とされていたミネラル・ビタミン濃度も、DMI を低めに（正確に）予測する『NASEM 2021』では「不足！」と判断されるかもしれません。

　DMI の予測値で注目したい二つ目のポイントは、飼料設計の NDF 含量が分娩予定 3 週間前の DMI に大きな影響を与えるものの、分娩日が近づくにつれて NDF 含量による影響が少なくなることです。脂肪肝、ケトーシスのセクションで説明しましたが、DMI に関して重要なのは、分娩前の DMI そのものではありません。分娩直前の DMI の変化です。低 NDF の設計をすれば、分娩前の DMI を高めることができるかもしれません。しかし、分娩直前の DMI を大きく低下させてしまうことになるため、体脂肪の動員が増え、脂肪肝、ケトーシスのリスクを高めます。クロース・アップ期の乳牛には、DMI を安定させられる高 NDF の設計のほうがふさわしいと考えられます。

　クロース・アップ期の未経産牛の DMI 予測を**図 3-9-3** に示しました。体重％で DMI を示しても、未経産牛の DMI は経産牛よりも低くなります。現時点で、未経産牛の DMI を正確に予測するための研究データが十分にないため、『NASEM 2021』では、経産牛の体重％の DMI の 88％と想定し、未経産牛の DMI を計算しています。これまでの『NRC 2001』の予測値よりもかなり低くなっているため、注意が必要です。

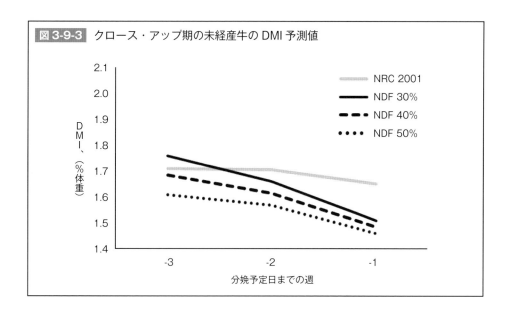

図 3-9-3　クロース・アップ期の未経産牛の DMI 予測値

NRC 2001
NDF 30%
NDF 40%
NDF 50%

DMI、（%体重）

分娩予定日までの週

あと、副産物飼料をたくさん給与している農場では、『NASEM 2021』の DMI 予測値が正確でない可能性があることも認識しておく必要があります。今回の DMI 予測式を作るにあたって使ったデータは、副産物飼料の利用が少ない粗飼料を多給している研究から集めたものだからです。たとえ NDF 含量が 45％の TMR であっても、粗飼料から NDF を取っているのか、副産物飼料から NDF を取っているのかで、ルーメン発酵への影響は大きく変わることが考えられます。副産物飼料をたくさん給与している農場では、『NASEM 2021』の DMI 予測値が外れる可能性があるため、注意する必要があります。

## ▶エネルギーとタンパク質給与

『NASEM 2021』では、乳牛のエネルギー要求量に関して、生体維持のための要求量が 25％増になるという変更が導入されました。

さらに、妊娠のためのエネルギー要求量が、『NRC 2001』と比較して、妊娠前期で高く、妊娠中期で低く、妊娠後期で高くなりました（**図 3-9-4**）。そのため、『NASEM 2021』では、クロース・アップ期の乳牛のエネルギー要求量が高く示されるようになったことに注意する必要があります。ただし、この変

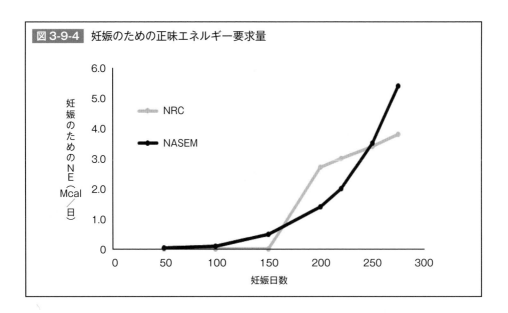

図3-9-4　妊娠のための正味エネルギー要求量

更は、飼料設計のアプローチに大きな影響を及ぼさないかもしれません。クロース・アップ期のエネルギー要求量を充足させることは簡単だからです。

　『NRC 2001』では、分娩後に給与する高デンプンの飼料にルーメン微生物を馴らすため、分娩直前の2〜3週間は高エネルギーの設計をしたほうがよいと推奨していました。事実、ルーメンの馴致を行なうメリットを示唆している研究データや、分娩前に高エネルギーの設計をしたほうが分娩後の乳量が高くなったと報告している研究もいくつかあります。しかし、過去20年に行なわれた研究の全体像から、『NASEM 2021』では、デンプンを増給して要求量以上のエネルギーを給与するメリットに関しては「証拠不十分」だと結論付けました。

　しかし、『NASEM 2021』の文面を注意深く読んでみると、「高エネルギーの飼料設計がダメだ」とも言い切っていません。分娩前のエネルギー過剰摂取を防ぐことにより分娩後のケトーシスのリスクが低くなるとはしているものの、ルーメン馴致の必要性を頭から否定することもしていません。ニュアンスとしては「ルーメン馴致のためにクロース・アップ期に高デンプンの飼料設計をしても構わない、ただ、そのメリットに関しては十分な根拠はない……」と

いう感じです。クロース・アップ期の乳牛の場合、エネルギー要求量を過不足なく充足させることが一番良いのかもしれません。

　分娩前から分娩後数カ月間、乳牛の消化器官は発達します。少なくとも分娩120日後までルーメンの重量は増え続けます。ルーメン絨毛も大きくなり、発酵酸の吸収能力が高まります。小腸も分娩90日後まで発達し続けるというデータがあります。乳牛の消化器官が発達していくというのは事実ですが、栄養要因によってこれらの変化を早める必要があるのかどうかは疑問です。分娩前後の代謝要因やホルモンの働きなどによって、ムリをしなくても分娩後の消化器官は自然に発達していくとも考えられます。分娩前の穀類給与により、ルーメン絨毛の表面積がどれだけ増えるのか、さらに発酵酸の吸収力にどれだけ差が出るのか、これらの点に関して「有無を言わせない」ほどの十分な研究データは存在していません。

　『NASEM 2021』では妊娠のためのMP（代謝タンパク）要求量に修正が加えられたため（**図3-9-5**）、クロース・アップ期でのMP要求量が少し増えました。初乳生産や乳腺の成長のためにもMPは必要なはずですが、その要求

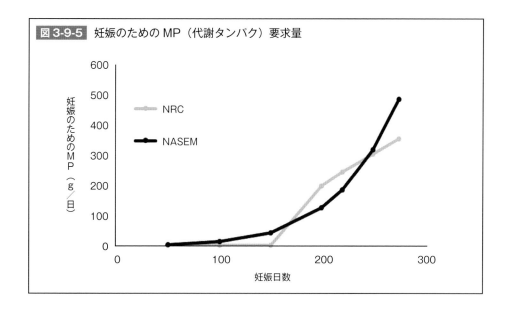

図3-9-5　妊娠のためのMP（代謝タンパク）要求量

量は『NASEM 2021』の計算式には含められませんでした。具体的な要求量の数値を示すための研究データが十分にないからです。

　さらに、乾乳牛のエネルギー過剰摂取を防ぐために、ワラを大量に給与する低エネルギーの設計が推奨されるようになりましたが、エネルギー給与を制限した場合、MP の要求量がどのように変わるのかも研究データが少ない部分です。エネルギー濃度に関係なく MP の要求量は影響を受けないのかもしれませんが、エネルギー給与との兼ね合いに関しては注意が必要です。

　このように、MP 要求量を精密に計算しようとすると、理解されていないことがいくつかあります。しかし、クロース・アップ期の乳牛の飼料設計をざっくりと見た場合、CP 含量を 12% 以上にするメリットは確認されていません。高タンパク質の飼料設計をしたり、RUP を多く給与しても、次泌乳期の乳量や乳タンパク量に影響はないようです。経産牛の場合、クロース・アップ期に要求量以上の MP を給与する必要はないと考えられます。しかし、未経産牛のクロース・アップの場合、成長を続けていることや乾物摂取量が少ないことなどを考慮に入れ、タンパク質を多めに給与するメリットがあるかもしれません。

## ▶乳牛『NASEM』次版への宿題

　『NASEM 2021』では、初乳生産のための要求量までは踏み込まなかったものの、初乳の栄養濃度を示し、初乳生産に必要となる栄養素に関してコメントしています。

　**表 3-9-1** に、初乳と通常乳の栄養濃度の違いを示しましたが、初乳は脂肪やタンパク質濃度が高いだけではなく、ミクロ・ミネラルやビタミンの濃度も高いことがわかります。初乳生産のための栄養素は、クロース・アップ期の栄養要求量の計算には含まれていません。しかし、その影響がかなり大きいことを理解しておく必要があります。

　例えばビタミン A です。初乳のビタミン A 濃度が 10,000IU/kg で、初乳

の生産量が 10kg とすると、分娩直後の牛は 100,000IU のビタミン A を初乳の生産時に失います。乾乳牛のビタミン A の給与推奨値は、体重 1kg 当たり 110IU です。650kg の体重を想定すると、これは 71,500 U/ 日になります。つまり、乳牛は 1 日に摂取するビタミン A の約 1.4 倍の量を初乳で失うわけです。

　クロース・アップ期間中、乳牛は毎日 10kg の初乳生産を行なうわけではありません。初乳の生産は 1 回きりです。そのため、『NASEM 2021』は、クロース・アップ牛の給与推奨値に、初乳で失われるビタミン A を含めませんでした。しかし、常識的に考えて、分娩直後の乳牛は一時的に極度のビタミン A 不足になっているはずであり、何らかの方法でこのロスを補うことを検討する必要があります。初乳生産のための栄養素を、どのように乳牛に供給すれば良いの

| 表3-9-1　初乳と通常乳の栄養濃度の比較 | | |
|---|---|---|
| | 初乳 | 通常乳 |
| 粗タンパク、% | 14.5 | 3.3 |
| 脂肪、% | 6.5 | 4.0 |
| 乳糖、% | 2.5 | 4.8 |
| エネルギー濃度、Mcal/kg | 1.4 | 0.7 |
| レチノール、mg/kg | 3.0 | 0.3 |
| （ビタミン A、IU/kg） | (10,000) | (1,000) |
| α - トコフェノール、mg/kg | 6.0 | 0.8 |
| （ビタミン E、IU/kg） | (13.5) | (1.8) |
| ビタミン B12、μg/kg | 19 | 5 |
| カルシウム、mg/kg | 2.1 | 1.0 |
| リン、mg/kg | 1.8 | 0.9 |
| マグネシウム、mg/kg | 0.3 | 0.11 |
| カリウム、mg/kg | 1.3 | 1.5 |
| ナトリウム、mg/kg | 0.9 | 0.4 |
| 銅、mg/kg | 0.5 | 0.04 |
| セレン、mg/kg | 0.17 | 0.04 |
| 亜鉛、mg/kg | 15 | 4 |

か？ クロース・アップ期の栄養要求量として含めるべきなのか？ あるいは分娩直後のサプリメントとして給与すべきなのか？ 推奨される栄養管理のアプローチは確立されていません。これは、乳牛『NASEM』次版への宿題と言えます。

　本章の冒頭でも書きましたが、分娩移行期は分娩前の3週間と分娩後の3週間から成り立っています。分娩前の栄養管理に関しては、これまでの20〜30年で紆余曲折があったものも、推奨される栄養管理のアプローチや考え方が確立されつつあります。それに対して、分娩直後のフレッシュ牛の栄養管理については、過去10年である程度の研究が進められているものの、フレッシュ牛の栄養管理での指標や推奨値を『NASEM 2021』はまったく示しませんでした。その理由の一つは、研究データに一貫性が見られないからです。私の研究室で行なった試験でも、高デンプン（約27%）の設計で牛の反応が良かったときと、低デンプン（約21%）の設計で牛の反応が良かったときがあります。クロース・アップ期でのデンプン濃度、分娩直後にフリーチョイスで乾草を喰わせるかどうか、デンプン源となる穀類のタイプなど、いろいろな要因が絡み合い牛の反応が影響を受けるようです。フレッシュ牛に脂肪酸のサプリメントをどれくらい行なうかに関しても、乳牛の反応は脂肪酸のタイプによって変化するようです。

　北米の研究者の総意として「フレッシュ牛の栄養管理は……であるべきだ」と言えるようになるためには、さらに研究データが必要であり、これも『NASEM』次版への積み残し課題と言えます。

# 第4部

## ここはハズせない
## これからの
## 飼料設計のための
## 基礎知識

# 第1章　ロボット搾乳での栄養管理を理解しよう

　北欧やカナダでは、搾乳ロボットが広く普及しています。労働効率や生活スタイルの改善という視点から、アメリカでも搾乳ロボットの導入を検討している酪農家が増えています。日本でも、搾乳ロボットを導入する酪農家が増えており、搾乳ロボットによる乳牛管理は特別な飼養方法ではなく、酪農の一スタイルとして定着することが考えられます。

　これからの牛群管理を考える場合、ロボット搾乳における飼養管理や栄養管理のポイントについて理解を深めることは非常に重要です。

## ▶ TMR vs. PMR

　フリー・ストールでの栄養管理の場合、TMR 給与が乳牛の栄養管理のスタンダードな方法です。TMR というのは「Total Mixed Ration」という言葉の略語で、牛が口にするものを完全にミックスして、一口一口が同じ栄養成分を含むようにしたものです。

　それに対して、ロボット搾乳での栄養管理では「PMR ＋濃厚飼料」というスタイルになります。PMR とは「Partially Mixed Ration」の略で、栄養濃度的には TMR から搾乳ロボットの中で給与する濃厚飼料を差し引いたものになるため、「部分的」という意味の「Partially」という単語を使います。

　この「PMR ＋濃厚飼料」という栄養管理のアプローチは、タイ・ストール牛舎での「粗飼料＋濃厚飼料」の分離給与と似ているように見えますが、まったくの別モノです。本来であれば、すべての栄養素を TMR から摂ってもらえればベストであるのにもかかわらず、搾乳ロボット・システムを成功させるた

めには、牛に自発的に搾乳ロボットのところまで来てもらう必要があります。そこで、牛に「搾乳ロボットのところへ行きたい」という動機付けを与えるために、ある程度の濃厚飼料を搾乳ロボットのところで給与することが必要になります。やむを得ず、濃厚飼料を一部、別給与することになりますが、牛が必要としている栄養素はできるだけ PMR で摂ってもらうというのが基本的なスタンスとなります。つまり、搾乳ロボット内で与える濃厚飼料は「乳量に応じてエネルギーや栄養素を増給するため」という位置付けで考えるのではなく、搾乳ロボットへ行く動機付けを与えるための「馬の鼻先にぶら下げるニンジン」あるいはトリート（おやつ・ご褒美）のようなものと考えるべきです。

　搾乳ロボット内で濃厚飼料を給与するのであれば、飼槽で給与するエサ（PMR）の栄養濃度・エネルギー濃度を減らす必要があります。牛群の平均より低い乳量をターゲットに、PMR の飼料設計をすることが一般的かもしれませんが、PMR の栄養濃度をどの程度に設定すれば良いのか？ 搾乳ロボットの中で給与する濃厚飼料の上限は？ 濃厚飼料の原料は何を使えば良いのか？ 嗜好性をどの程度重視すれば良いのか？ など、搾乳ロボットでの栄養管理・飼養管理を成功させるためには考慮すべき点がたくさんあり、研究が必要とされています。

## ▶牛舎デザイン：動線 vs. 導線

　搾乳ロボットの牛舎デザインには、大きく分けて二つのタイプがあります。
　一つ目の牛舎タイプは、フリー・カウ・トラフィック（Free Cow Traffic）です。文字どおり、牛は、搾乳ロボット、飼槽、ストール（休息場所）のすべての場所に自由にアクセスできます。
　もう一つの牛舎タイプは、誘導型カウ・トラフィック（Guided Cow Traffic）というものです。

　誘導型トラフィックには、さらに二つのタイプがあります。

　一つ目は、「牛は飼槽に行った後、ストール（休息場所）に戻る前に搾乳ロボット・エリアを通過する」というフィード・ファースト（最初に給飼）というタイプです。プレ・セレクション（予選択）ゲートがあれば、搾乳ロボットのところには誘導されず、直接、ストール（休息場所）へ戻れる構造になっています。このゲートがあれば、前回の搾乳からの経過時間が短い牛の場合、飼槽に行ってPMRを食べた後、搾乳ロボットのところを通らず、ストール（休息場所）へ戻れます。

　二つ目は、「ストール（休息場所）から飼槽に行く前に、牛は搾乳ロボット・エリアを通過する」というミルク・ファースト（最初に搾乳）というタイプです。プレ・セレクション（予選択）ゲートがあれば、前回の搾乳からの経過時間が短い牛は、搾乳ロボットのところを通らず、直接、飼槽エリアへ誘導されます。

　「フリー・トラフィック」と「誘導型トラフィック」、どちらのシステムが優れているかに関しては、ケース・バイ・ケースであり、簡単に優劣を論じることはできません。しかし、それぞれのシステムの長所と短所を理解し、それに応じた栄養管理のアプローチを考えることは重要です。それぞれの搾乳ロボット農場での栄養管理を成功させるためには、それぞれの牛舎タイプで、牛の動きや行動パターンが大きく異なることを意識しなければなりません。牛がPMRに求めるもの、搾乳ロボット内で給与する濃厚飼料に求めるもの、あるいはその優先順位などが変わってくるからです。ロボット搾乳での栄養管理を考える前に、牛舎デザインが牛の行動パターンにどのような影響を与えるのかを考えてみましょう。

　「フリー・トラフィック」と「誘導型トラフィック」の違いは、「牛が動くのか」それとも「牛を動かすのか」です。大げさな言い方に聞こえるかもしれませんが、どのように牛を飼おうとしているのか、酪農家が牛に合わせるのか、酪農家の望む方法を牛に学んでもらうのか、言わば「牛飼い哲学」とも関係があります。「動線」と「導線」という同音異義語を例に取り、少し詳しく考えてみましょう。

建築業界では、「生活動線」や「作業動線」など、「動線」という言葉を使います。一例をあげましょう。時々、リビング・ルームに服や靴下を脱ぎ捨てたりする「お父さん」が、「お母さん」に怒られることがありますが、これは「お父さん」のせいではありません。オヤジの行動パターン、生活動線を考えずに設計された家に問題があると私は考えています。玄関を入ってすぐに、リビング・ルームがあるのが良くないのです。家に入ってすぐの場所に、コートをかけるクローゼットがあったり、脱いだ服を入れられるカゴや洗濯機の小部屋があれば、リビング・ルームに靴下を脱ぎ捨てることはなくなるはずです。これが動線を考えた設計です（生活くさい例えでスイマセン……）。

　それに対して、デパートやコンビニなどの小売業界では、「導線」という言葉を使います。コンビニにビールを買いに行くと、ビールを置いてある冷蔵庫は、たいてい店の一番奥にあります。買いたいのはビールだけなのに、ビールを取ってレジへ向かう通路には「おつまみ」なるものが陳列されている棚があり、つい「茎ワカメ」と「柿の種」も手に取ってしまい、レジに向かいます。レジで順番待ちをしているとレジ横の「Ｌチキ」が目に入ります。一瞬迷いますが、「タンパク質も摂らないとダメだな」と自分を納得させる理屈を見つけて、これも買ってしまいます（一応、私、栄養学者なので……）。このように、「客の導線」を研究し尽くしたコンビニの策略にまんまとはまり、ビールを買いに来ただけのはずが、余分なモノをいろいろと買って帰ることになります。コンビニは、客を「導き」、客単価を上げようとします。これが「導線」です。


　話が少し横道にそれましたが、フリー・トラフィックの場合は「牛が動き」ます。牛の「動線」を考慮しなければなりません。それに対して、誘導型トラフィックの場合「牛を動かし」ます。牛の「導線」を考える必要があります。牛が動くのか、牛を動かすのかで、栄養管理のポイントも変わってきます。具体的に考えて見ましょう。

## ▶フリー・トラフィックの長所・短所

　フリー・トラフィックの特徴は、牛が行動の選択の自由を持っているという点です。誘導型トラフィックと比較した場合、牛は自由に飼槽に行けるため、採食回数が多くなり、一度に大量のエサを摂取する必要がないというメリットがあります。これは乳成分にプラスの影響を与える場合があります。スペインの研究データを簡単に紹介したいと思います（**表 4-1-1**）。乳量や1日のトータルで見た乾物摂取量に有意な差はありませんでしたが、フリー・トラフィックの場合、牛は自由に飼槽に行けるため、採食回数が多く、一度に大量のエサを摂取する必要がありませんでした。ルーメン発酵が穏やかになり、アシドーシスのリスクが低くなると考えられます。フリー・トラフィック牛舎で飼養された乳牛の乳脂率が高くなる傾向が見られたことは注目に値します。

　しかし、フリー・トラフィックの場合、「搾乳ロボット内で与えられる濃厚飼料を食べたい！」という欲求に基づき、牛は搾乳ロボットに向かうことになります。そのため、濃厚飼料に強い執着心がない牛、飼槽のPMRで食欲を充たせた牛などは、搾乳ロボットに向かう動機付けが低くなります。そのため、誘導型トラフィックと比較して、搾乳回数が少なくなったり、人間が搾乳ロボッ

**表 4-1-1**　フリー・トラフィックと誘導型トラフィックの比較（Bach et al., 2009）

| | フリー・トラフィック | 誘導型トラフィック |
|---|---|---|
| PMR 採食回数、回/頭/日[*] | 10.1 | 6.6 |
| PMR 摂取量、kg/日 | 18.6 | 17.6 |
| 濃厚飼料摂取量、kg/日 | 2.5 | 2.5 |
| 乳量、kg/日 | 29.8 | 30.9 |
| 乳脂率、%[§] | 3.65 | 3.44 |
| 乳タンパク率、%[*] | 3.38 | 3.31 |

[*]統計上の有意差（$P < 0.05$）、[§]統計上の傾向差（$P = 0.06$）

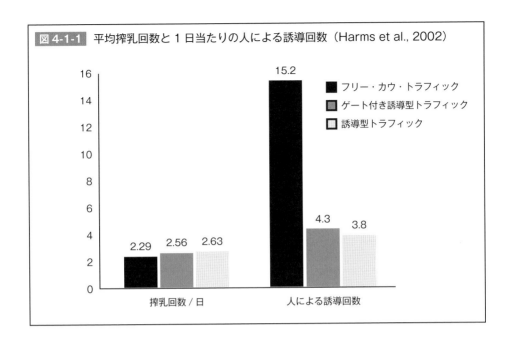

図 4-1-1 平均搾乳回数と 1 日当たりの人による誘導回数（Harms et al., 2002）

■ フリー・カウ・トラフィック
■ ゲート付き誘導型トラフィック
□ 誘導型トラフィック

搾乳回数 / 日
2.29　2.56　2.63

人による誘導回数
15.2　4.3　3.8

トまで牛を連れてこなければならない回数が増えるというデメリットがありま
す（**図 4-1-1**）。

## ▶誘導型トラフィックの長所・短所

　誘導型トラフィックの場合、牛は飼槽エリアに行く前後に、必ず搾乳ロボッ
トのところへ誘導されます。そのため、搾乳回数が増え、人間が搾乳ロボット
まで牛を連れてこなければならない回数も減ります。しかし、それには短所も
伴います。まず、飼槽エリアと休息エリアを自由に行き来できないため（搾乳
ロボットへの寄り道を強いられるため）、採食回数が減るかもしれませんし、
休息・横臥時間が少なくなるリスクもあります。

　さらに、すべての牛が定期的に搾乳ロボットのところに誘導されるため、搾
乳前の待ち時間がどうしても長くなります。とりわけ弱い牛が搾乳待機エリア
に入った後、強い牛が入ってきて「割り込み」を繰り返すと、弱い牛は搾乳さ
れるまで長時間の順番待ちを強いられることになります。フリー・トラフィッ
クでは、弱い牛の搾乳前の合計待ち時間は約 1 時間半程度でしたが、予選択ゲー

トがない誘導型トラフィックでは、待ち時間が1日当たり4時間と飛躍的に長くなったという研究データがあります（**表4-1-2**）。

　搾乳待機エリアで「非生産的」な時間を費やした牛は、ストールで休息する時間を削ることになります。このようなデメリットは、搾乳ロボット1台当たりの飼養頭数に余裕がある牛群では問題にならないかもしれません。しかし、過密飼養の環境下では、この傾向は強くなります。

　誘導型トラフィックの場合、問題牛の発見が遅れるというリスクもあります。フリー・トラフィックの場合、跛行の牛や臨床性の乳房炎などの問題牛は、痛みを避けようとして搾乳ロボットのところへ行かなくなります。そのため、人が搾乳ロボットのところに牛を連れてくる回数は増えるかもしれませんが、酪農家は比較的簡単に問題牛を発見できます。しかし、誘導型トラフィックの場合、腹を空かせた牛は、飼槽エリアへ行く前後に、「半強制的」に搾乳ロボットのほうへ誘導されるため、搾乳回数を見ただけでは簡単に異常に気づかず、問題が大きくなるまで発見が遅れるケースがあります。

　ここで、どちらのタイプの牛舎デザインが優れているかを論じることは私の意図するところではありません。理想的な飼養環境では、どちらのシステムも上手く機能するはずです。しかし、フリー・トラフィックと誘導型トラフィッ

**表4-1-2** フリー・トラフィックと誘導型トラフィックの比較 （Thume et al., 2002）

| | フリー・トラフィック | 予選択ゲート付き誘導型トラフィック | 誘導型トラフィック |
|---|---|---|---|
| 搾乳回数、回/日 | 1.98 | 2.39 | 2.56 |
| 採食回数、回/日 | 12.1 | 6.5 | 3.9 |
| 搾乳前の待ち時間 | | | |
| 　強い牛、分/日 | 78 | 124 | 140 |
| 　弱い牛、分/日 | 95 | 168 | 240 |

クとでは弱点が異なることを認識することは重要です。飼養管理が上手くいっていないフリー・トラフィックの牛群の場合、搾乳回数が減る、人が連れてこなければならない牛が増える、余分な労働力が必要となるといった問題点が顕在化するかもしれません。飼養管理に何らかの問題のある誘導型トラフィックの牛群では、乾物摂取量の低下、横臥休息時間の減少（カウ・コンフォートの問題）が問題となります。

　搾乳ロボット牛群の栄養管理を考える場合、フリー・トラフィックと誘導型トラフィックの特徴を意識することが大切です。

## ▶搾乳ロボット内での濃厚飼料給与の考え方

　搾乳ロボットでの栄養管理に関して頻繁に聞く質問は、「搾乳ロボット内で濃厚飼料をどれだけ給与すればよいのか？」というものです。

　最初に紹介するのは、フリー・トラフィックの牛舎で濃厚飼料の給与量の影響を比較した試験です。この試験では、搾乳ロボット内での濃厚飼料給与量を3kg/日と8kg/日に設定しました。そして、搾乳ロボット内での濃厚飼料の給与量を増やす場合、PMRの栄養濃度を下げて、1日全体での栄養摂取量が変わらないようにしました。試験結果は**表4-1-3**に示しましたが、牛が実際に搾乳ロボット内で摂取した濃厚飼料の量は2.6kg/日と6.8kg/日でした。

　ロボット内での濃厚飼料摂取量が高かったグループは、そのぶんPMRの摂取量が低くなり、1日の合計乾物摂取量に違いは見られませんでした。これは人間でも同じような現象が見られるかもしれません。お菓子をたくさん食べれば、食事時に空腹にならず、食事の量が減ってしまいます。搾乳ロボット内で濃厚飼料を増給された牛も、PMRの摂取量が減ったため、1日当たりのエネルギー摂取量が増えることはありませんでした。そのためでしょうか、搾乳回数や乳量、乳成分も影響を受けませんでした。結論を一言で言うと、搾乳ロボット内で濃厚飼料を増給するメリットはなかったのです。

**表4-1-3** フリー・トラフィックでの搾乳ロボット内での濃厚飼料の給与量の影響
（Bach et al., 2007）

|  | 低給与 | 高給与 |
|---|---|---|
| 搾乳ロボット内での<br>濃厚飼料摂取量、kg/日 * | 2.6 | 6.8 |
| PMR 摂取量、kg/日 * | 19.0 | 14.2 |
| 合計乾物摂取量、kg/日 | 21.7 | 21.0 |
| 搾乳回数、回/日 | 2.6 | 2.8 |
| 乳量、kg/日 | 32.8 | 32.1 |
| 乳脂率、% | 3.66 | 3.64 |
| 乳タンパク率、% | 3.23 | 3.28 |

*統計上の有意差（$P < 0.05$）

　次に紹介するデータは、フィード・ファーストの誘導型トラフィックの牛舎で、搾乳ロボット内での濃厚飼料の給与量の影響を評価した試験です。このタイプの牛舎では、牛はPMRを食べるために飼槽に行き、そこから休憩エリア（ストール）に戻るときに搾乳ロボットのほうへ誘導されるという仕組みになっています。二つの研究データを示しますが、いずれの試験も、搾乳ロボット内での濃厚飼料の給与量を増やす場合には、PMRの栄養濃度を下げて、1日全体での栄養摂取量が変わらないようにしました。

　一つ目の試験では、ロボット内での濃厚飼料の摂取量が「0.5kg/日」か「5.0kg/日」になるようにし、牛の反応を評価しました（**表4-1-4**）。濃厚飼料の給与量が「0.5kg/日」では低すぎるように思えるかもしれません。しかし、ロボット内での濃厚飼料の給与量が少なくても、牛が搾乳ロボットのほうへ自発的に来る回数（搾乳回数）が減ることはありませんでした。逆に搾乳回数は増えました。さらに、ロボット内で必要最小限（0.5kg/日）の濃厚飼料を給与された牛は、PMRの摂取量が6.6kg/日も増え、1日の合計乾物摂取量も高くなる傾向が見られました。そして、乳量も2.7kg増える傾向が観察されました。

　この試験データは、誘導型トラフィックの場合、搾乳ロボット内での濃厚飼

| | 低給与 | 高給与 |
|---|---|---|
| 搾乳ロボット内での<br>濃厚飼料摂取量、kg/日 * | 0.5 | 5.0 |
| PMR 摂取量、kg/日 * | 25.1 | 18.5 |
| 合計乾物摂取量、kg/日 | 25.7 | 23.5 |
| 搾乳回数、回/日 § | 3.3 | 2.8 |
| 乳量、kg/日 § | 36.3 | 33.6 |
| 乳脂率、% | 4.18 | 3.99 |
| 乳タンパク率、% | 3.42 | 3.35 |

**表 4-1-4** 誘導型トラフィックでの搾乳ロボット内での濃厚飼料の給与量の影響
- 試験 1（Penner, 2017）

*統計上の有意差（$P < 0.05$）、§ 統計上の傾向差（$P = 0.10$）

料の給与量は 1 日当たり 0.5kg/日という最小限の給与量でも十分であること
を示唆しています。ロボット内で濃厚飼料を多給しても、PMR 摂取量が下が
りすぎれば、逆効果です。

　次に紹介する試験では、同じく誘導型トラフィックの牛舎で、ロボット内で
の濃厚飼料摂取量が 2.0kg/日と 6.2kg/日の比較を行ないました（**表 4-1-5**）。
ロボット内での濃厚飼料摂取量の差は 4.2kg でしたが、ロボット内での濃厚飼
料多給により減少した PMR 摂取量は 3.4kg 程度でした。そのため、1 日当た
りの合計乾物摂取量に有意な差は見られず、乳量が高くなる傾向が観察されま
した。**表 4-1-4** で紹介した研究とは異なり、ロボット内で濃厚飼料をより多
く摂取した牛の乳量のほうが高くなったのです。

　それでは、これらの研究データから何が学べるのか、簡単にまとめてみたい
と思います。
　三つの研究データで共通しているのは、搾乳ロボット内での濃厚飼料摂取量
が増えると、PMR の摂取量が減るという点です。違いは、PMR 摂取量がどれ
だけ低下するかです。ロボット内で濃厚飼料を多給し、PMR の摂取量が減っ

第4部　ここはハズせないこれからの飼料設計のための基礎知識

**表4-1-5** 誘導型トラフィックでの搾乳ロボット内での濃厚飼料の給与量の影響
- 試験2（Penner, 2017）

|  | 低給与 | 高給与 |
| --- | --- | --- |
| 搾乳ロボット内での<br>濃厚飼料摂取量、kg/日 * | 2.0 | 6.2 |
| PMR摂取量、kg/日 * | 24.9 | 21.5 |
| 合計乾物摂取量、kg/日 | 27.0 | 27.6 |
| 搾乳回数、回/日 * | 3.5 | 3.7 |
| 乳量、kg/日 § | 38.0 | 39.2 |
| 乳脂率、% § | 3.64 | 3.50 |
| 乳タンパク率、% * | 3.20 | 3.25 |

*統計上の有意差（$P < 0.05$）、§ 統計上の傾向差（$P < 0.10$）

ても、1日の合計エネルギー摂取量に変化がなければ、乳量に変化はないかもしれません。しかし、PMRの摂取量が多少減っても、1日の合計エネルギー摂取量が高くなれば、乳量は増えるかもしれませんし、PMRの摂取量が想定以上に減りすぎれば、乳量は減少してしまうリスクがあります。

　**表4-1-4**の試験で、ロボット内での濃厚飼料摂取量の差は4.5kgですが、ロボット内での濃厚飼料多給により、PMRの摂取量は6.6kgも少なくなり、乳量低下の傾向（－2.7kg/日）も観察されました。それに対して、**表4-1-5**の試験では、ロボット内での濃厚飼料摂取量の差は4.2kgですが、ロボット内での濃厚飼料多給しても、PMR摂取量は3.4kg少なくなるだけで済み、乳量増加の傾向（＋1.2kg/日）が観察されました。この違いは何が原因なのでしょうか？

　考えられる一つの要因は、搾乳ロボット内での濃厚飼料摂取量の差です。**表4-1-4**の試験では「0.5 vs. 5.0kg/日」の比較でしたが、**表4-1-5**の試験では「2.0 vs. 6.2kg/日」の比較でした。研究データが十分に存在しないため、ハッキリとは言えませんが、ロボット内での濃厚飼料給与量が1日2kgというのは「PMRの摂取量を増やす」という視点からは中途半端なレベルなのかもしれません。

PMR の摂取量を大幅に増やすためには、ロボット内での濃厚飼料の給与量をギリギリまで制限することが必要かと考えられます。1 日当たり 0.5kg という量は、それぞれの搾乳時に食べられる量に換算すると"一口"程度です。ロボット内での濃厚飼料摂取量を必要最小限に抑えることができれば、それだけ栄養濃度が高く、嗜好性が高い PMR を設計することが可能になります。これは、PMR への食欲を増進させることにつながり、1 日当たりのエネルギー摂取量を最大にすることにも貢献するはずです。

　しかし、このアプローチを検討する場合、注意が必要です。まず、飼養密度の影響を考慮する必要があります。過密飼養であれば、搾乳ロボット内での濃厚飼料給与量を少なくしても、PMR の採食回数・採食量を増やせないかもしれないからです。さらに、「ロボット内での濃厚飼料給与量は最小限にする」というアプローチは、誘導型トラフィックの牛舎のほうが有利かもしれません。誘導型トラフィックの場合、飼槽で給与される PMR のためであれ、ロボット内で給与される濃厚飼料のためであれ、牛は「食欲」から行動を起こします。搾乳ロボット内での濃厚飼料の給与量が少なければ、牛はそれだけ PMR からの栄養摂取に依存するようになります。空腹感を強く感じる牛は、それだけ頻繁に飼槽に向かおうとし、その前後に搾乳ロボットのほうへも誘導されるようになります。そのため、ロボット内での濃厚飼料の給与量を減らしても、搾乳回数が減る心配はありません。それに対して、フリー・トラフィックの牛舎では、「濃厚飼料を食べたい」という動機から、牛は搾乳ロボットのところへ来ます。飼槽で栄養濃度の高い PMR を給与し、搾乳ロボット内では一口程度の濃厚飼料だけを与えるというアプローチをとれば、牛は飼槽で食べられる PMR で満足してしまい、搾乳ロボットのところに行かない牛が増えるかもしれません。

　もう一点、ロボット内での濃厚飼料給与量を考えるときに考慮すべきなのは、実際の濃厚飼料摂取量のバラつきです。**表 4-1-3** で紹介した試験では、搾乳ロボット内で給与された濃厚飼料の量は「3kg／日」と「8kg／日」でしたが、実際の濃厚飼料摂取量は「2.6kg／日」と「6.8kg／日」でした。**表 4-1-5** で紹

第４部　ここはハズせないこれからの飼料設計のための基礎知識

199

介した試験では、平均で「2kg/日」の濃厚飼料を搾乳ロボット内で摂取させようとした場合、実際の摂取量のバラつきは 1.76 ～ 2.25kg/日でしたが、平均で「6kg/日」の濃厚飼料を搾乳ロボット内で摂取させようとした場合、実際の摂取量のバラつきは 5.05 ～ 6.9kg/日になりました。搾乳ロボット内での濃厚飼料給与量は摂取量と同じではありません。搾乳ロボット内での濃厚飼料の給与量が高い場合、実際の摂取量には、より大きなバラつきが生じ、ルーメン発酵が不安定になるリスクが高まることにも留意する必要があります。

　搾乳ロボットの栄養管理では「PMR ＋搾乳ロボット内での濃厚飼料」という方法で管理しますが、これは「粗飼料＋濃厚飼料」とは根本的に異なります。「粗飼料＋濃厚飼料」という分離給与では、乳量に応じて濃厚飼料を増給するという考えが根本にありますが、搾乳ロボット内で給与する濃厚飼料は、搾乳ロボットへのアクセスを動機付けるためのトリートのようなものです。
　搾乳ロボットへのアクセスが問題にならない限り、搾乳ロボット内での濃厚飼料の給与量は、なるべく少ないほうが良いと考えるべきです。言い換えると、PMR からできるだけ多くの栄養をバランスよく摂るというのが原則です。たとえ搾乳ロボット内での濃厚飼料給与量を増やしても、PMR の摂取量が減少すれば、乳量は増えませんし、ルーメン発酵が不安定になるというリスクも高くなるからです。

## ▶ペレット・タイプ：低穀類 vs. 高穀類

　これまで、搾乳ロボット内で給与する濃厚飼料の「量」について考えましたが、次に、濃厚飼料の「中身」について考えてみたいと思います。
　たいていの場合、濃厚飼料には穀類が多く含まれますが、穀類のデンプンはルーメン内で速く発酵するため、穀類を一時に過剰給与すればアシドーシスの原因となります。搾乳ロボット内で給与する濃厚飼料の場合、どこまで穀類に頼る必要があるのでしょうか？ センイ含量の高い副産物飼料を多く与えればアシドーシスのリスクは低くなりますが、搾乳ロボット内で、副産物飼料を多

く含む濃厚飼料を与えた場合、乳牛の反応はどうなるのでしょうか？ ここで、その点を調べたイスラエルの研究データをご紹介したいと思います。

　ここで紹介するイスラエルの研究では、穀類を多く含む「高穀類ペレット」と、穀類の代わりに大豆皮が主成分の「低穀類ペレット」の二つのペレットを用意しました（**表4-1-6**）。「高穀類ペレット」はNFC含量が47.9％、NDF含量が22.1％であったのに対し、「低穀類ペレット」はNFC含量が40.9％、NDF含量が28.1％でした。そして、その他の飼料原料の量を調整して、CP濃度などは同じになるようにしました。

　この研究グループは「変則フリー・トラフィック」の牛舎で試験を行ない、乳牛の反応を評価しました。この試験が行なわれた牛舎では、濃厚飼料ペレットが搾乳ロボット内と搾乳ロボットを通過した直後のエリアで給与されます。

**表4-1-6** ペレットの飼料原料と栄養成分（Halachmi et al., 2009）

| | 低穀類ペレット | 高穀類ペレット |
|---|---|---|
| 飼料原料 | | |
| 　大豆皮 | 30.0 | 0 |
| 　粉砕コーン | 18.8 | 34.4 |
| 　粉砕マイロ | 7.8 | 7.8 |
| 　粉砕大麦 | 6.5 | 6.5 |
| 　粉砕小麦 | 0 | 5.2 |
| 　ふすま | 0 | 9.5 |
| 　ヒマワリ粕 | 5.6 | 3.5 |
| 　ナタネ粕 | 0 | 2.0 |
| 　バイパス油脂 | 2.5 | 2.3 |
| 　その他 | 28.8 | 28.8 |
| 栄養成分、％乾物 | | |
| 　CP | 19.1 | 19.1 |
| 　NFC | 40.9 | 47.9 |
| 　NDF | 28.5 | 22.1 |

搾乳ロボット以外のところでも濃厚飼料が給与されるという変則的な形の牛舎設計ですが、牛はPMRが給与される飼槽エリアには自由に行けるため、私は基本的にフリー・トラフィックの牛舎と同じだと考えています。

　この試験では、泌乳ステージごとに、乳量・乳成分などの成績を評価しました（**表4-1-7**）。まず、分娩後の最初の2カ月ですが、ペレット・タイプは搾乳回数に影響を与えませんでしたが、低穀類ペレットを給与された牛のほうが乳量は3kg高くなりました。乳脂率など、乳成分に差は見られませんでした。研究者は「乳量増はエネルギー摂取量に差があったからではないか」と考えています。具体的には、「低穀類ペレットを給与された牛はルーメン・アシドーシスにならず、ルーメンでのセンイ消化率が高くなったのではないか」、そして「低穀類ペレットを給与された牛はPMR摂取量が高くなったのではないか」

| 表4-1-7　低穀類ペレットと高穀類ペレットへの牛の反応（Halachmi et al., 2009） | | |
|---|---|---|
| | 低穀類ペレット | 高穀類ペレット |
| 泌乳初期（泌乳日数10〜60） | | |
| 乳量、kg/日* | 42.7 | 39.7 |
| 乳脂率、% | 3.4 | 3.4 |
| 搾乳回数、回/日 | 3.16 | 3.12 |
| 体重、kg | 573 | 574 |
| 泌乳ピーク直後（泌乳日数61〜120） | | |
| 乳量、kg/日* | 44.5 | 42.4 |
| 乳脂率、% | 3.3 | 3.3 |
| 搾乳回数、回/日 | 2.95 | 2.95 |
| 体重、kg* | 587 | 619 |
| 泌乳中期（泌乳日数121〜180） | | |
| 乳量、kg/日* | 39.1 | 37.5 |
| 乳脂率、% | 3.5 | 3.5 |
| 搾乳回数、回/日 | 2.60 | 2.65 |
| 体重、kg* | 579 | 608 |

*統計上の有意差（$P < 0.05$）

と推測しています。この試験では、ルーメンpHを計測したわけではなく、個体別のPMR摂取量のデータも取っていないため、低穀類ペレットを給与された牛のアシドーシスのリスクが本当に軽減したかどうか、PMR摂取量が実際に高くなったかどうかに関してはハッキリとはわかりません。しかし、その可能性は十分にあると思います。

　低穀類ペレットを給与された乳牛は、泌乳ピーク直後2カ月の成績でも約2kgの乳量差を維持しました。しかし、興味深いことに、体重は高穀類ペレットを給与された牛のほうが約30kg重くなっています。つまり、高穀類ペレットの給与は乳量を増やすよりも、体重を増やす方向にエネルギーを利用させたのです。これはなぜでしょうか？ 穀類のように発酵の速いエサを食べた乳牛では、短時間のうちに大量のエネルギー源が血液中に入ってくるため、より多くのインシュリンが分泌されたのかもしれません。インシュリンは血液の恒常性を保つため、主に食後に分泌され、脂肪細胞に働きかけエネルギー源を血液から取り込むようにさせます。そのため、摂取したエネルギーが乳腺ではなく（乳量増ではなく）、脂肪細胞のほうへ振り向けられた（体重増）と考えられます。この傾向は泌乳中期（分娩後4カ月から6カ月）にも続き、乳量・体重も同様の反応を示しました。


　この試験では、泌乳ステージに関係なく、穀類含量の低いペレットを搾乳ロボット内で与えても、乳牛が自発的に搾乳ロボットのところに来る回数が減ったり、乳量が減ったりすることはありませんでした。搾乳回数は変わらず、乳量は反対に高くなりました。

　キーポイントは、嗜好性とセンイの消化性だと言えます。大豆皮は嗜好性が高く、センイの消化性も非常に高い飼料原料です。しかし、穀類の代わりに使うのは、必ずしも大豆皮である必要はありません。嗜好性が高く、センイの消化性が高い飼料原料であれば、搾乳ロボット内で給与するペレットの原料として使えるはずです。例えば、ふすまペレットには、嗜好性が非常に高い、炭水化物の発酵速度は穀類より遅いという特徴があるため、搾乳ロボット内で給与する濃厚飼料としては非常に使いやすい飼料原料と言えます。

　ここで紹介した研究は、フリー・トラフィックの牛舎で行なわれましたが、低穀類のペレットでも、乳牛を搾乳ロボットに引き付ける十分の力があることを示しています。フリー・トラフィックの牛舎では、搾乳ロボット内で給与される濃厚飼料を食べたいという欲求から、牛は搾乳ロボットのほうへ向かいます。誘導型トラフィックの場合、牛は搾乳ロボットで給与される濃厚飼料だけではなく、飼槽で給与されるPMRを食べたいという動機付けに基づいても行動を起こします。そのため、フリー・トラフィックの牛舎で、低穀類のペレットに牛を搾乳ロボットのほうに引き付ける力があるのであれば、誘導型トラフィックの場合でも、同様の力を発揮するはずだと考えることができます。

　搾乳ロボット内で給与する濃厚飼料の目的は、乳牛が搾乳ロボットのところへ来るという動機付けを与えることです。高泌乳牛へのエネルギー増給や栄養補給が目的ではありません。搾乳ロボット内で濃厚飼料を食べ過ぎた乳牛は、そのぶんPMRの摂取量を減らしてしまいます。乳牛には、できるだけ多くの栄養をPMRからバランスよく摂ってもらうというのが原則です。そういった背景を理解すると、搾乳ロボット内で給与する「呼びエサ」に求めるものも明らかになります。嗜好性の高い飼料原料であれば、ルーメンでの発酵速度の遅いもの、つまりセンイ含量の高い副産物飼料をうまく利用できるはずです。

## 第2章　環境に配慮した栄養管理を理解しよう

　基本的に、乳牛の飼料設計とは、乳牛の必要としているエネルギーや栄養素を計算し、さまざまな飼料原料やサプリメントを使って充足させることです。しかし、単純に需要と供給のバランスを取るだけでは不十分です。酪農は経済活動ですから、たとえ乳牛が必要としているものを十分に供給できたとしても、コスト的に見合わない飼料設計は失格です。さらに、乳牛に特有の代謝や栄養生理を十分に理解し、健康面への影響を考える必要もあります。乳牛が必要としている栄養素を充足させる以上のことを考えなければなりません。これは、分娩移行期の栄養管理で必要とされる視点です。

　さらに、酪農を「持続可能な農業」として続けていくためには、もう一つ考えなければならないことがあります。それは環境への配慮です。環境への配慮は、いわば「社会的な責任」であり、経済性や乳牛の健康への配慮とともに飼

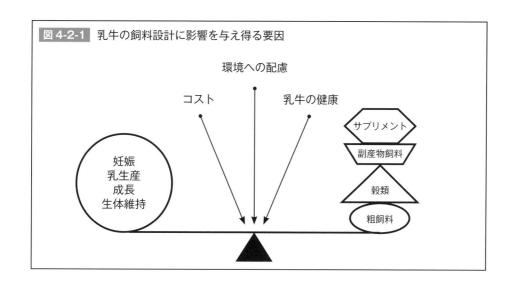

図4-2-1　乳牛の飼料設計に影響を与え得る要因

料設計のアプローチに影響を与え得る要因となります（**図4-2-1**）。環境問題という視点から、乳牛の栄養管理で注目されているのは、メタンガス、窒素（タンパク質）、リンです。具体的に考えてみましょう。

## ▶メタンガス

　地球の温暖化を促進する二酸化炭素の排出を減らそうという動きが世界的に見られています。主に議論されているのは、エネルギー源として化石燃料（石炭、石油、ガス）に頼らないことですが、農業の世界でも取り組むべきことはたくさんあります。

　乳牛の場合、二酸化炭素の排出量は知れていますが、ルーメン発酵の結果出てくるメタンガスは大きな影響を与えるようです。いわゆる「牛のげっぷ」です。メタンガスは温暖化に与える影響が二酸化炭素の28倍とされており、アメリカの全産業から放出される温暖化ガスのうち1.9%は、酪農産業から出ているという推定値があります。また、全家畜が放出するメタンガスの25%は乳牛から出ているという統計値もあります。さらに、乳牛2頭が出すメタンガスの量を二酸化炭素に換算すると、車1台（走行距離16,000km/年）が出す温暖化ガスの量に匹敵すると計算している研究者もいます。乳牛を200頭搾乳している農場では、車を100台持っているのと同じというわけです。

　「牛のげっぷくらいで、そんな大げさな……」と思えるかもしれませんが、欧米の極端な環境活動家は「乳肉製品を消費することは環境破壊につながる」として、動物性のタンパク質を摂取すべきではないとまで主張しています。

　反芻動物である乳牛を飼う以上、メタンガスの放出をゼロにすることは不可能です。しかし、どうすればメタンガスの放出量を少なくできるのかを考えることは、これからの乳牛の栄養管理で必要な視点になります。大量の排気ガスや汚染水は公害であり、環境に配慮していない企業や工場は社会的な責任を果たしていないと批判されます。酪農業界も、同じような扱いを受けないように、環境問題に取り組むことが求められます。

そのような背景から、栄養管理からのアプローチでメタンガスの放出量をどれだけ減らせるかという研究が数多く行なわれています。

　粗飼料を多給すれば、メタンガスの放出量は増えますが、それはなぜでしょうか？

　メタンガス抑制を考える前に、メタンガスがルーメンで生成されるメカニズムについて考えてみましょう。センイがルーメンで発酵すると、酢酸、二酸化炭素、水素が生成されます（**図4-2-2**）。水素はルーメン微生物にとって「毒」となるため、水素が溜まらないように、ルーメン微生物はいろいろなものに水素を引っ付けて水素を除去しようとします。その最も典型的な例がメタンガスの生成です。二酸化炭素（$CO_2$）に引っ付いている酸素を「剥がして」、その代わりに水素を引っ付けるとメタンガス（$CH_4$）になります。炭素に水素を引っ付けることで、ルーメン内の水素ガス濃度を低く保とうとしているのです。

　プロピオン酸の生成も、ルーメン内から水素ガスを除去する方法の一つです。酢酸や酪酸を作る過程では水素が放出されますが、プロピオン酸を作る過程では水素が消費されます。そのため、穀類を多給して、ルーメン発酵がプロピオン酸の生成量を高める方向に進めば、メタンガスの生成量は減ります。

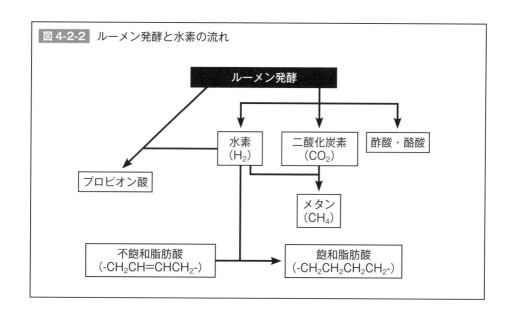

図4-2-2　ルーメン発酵と水素の流れ

　別の方法は、不飽和脂肪酸への水素添加です。ルーメン内で不飽和脂肪酸に水素が引っ付けば、飽和脂肪酸になります。「不飽和」というのは、飽和状態にない、水素を引っ付ける余地がまだ残っているという意味だと考えるとわかりやすいかもしれません。不飽和脂肪酸を飽和させることによっても、ルーメン内の水素ガスは除去されます。

　このようなルーメン内のメカニズムを考えると、メタンガスの生成量を減らすためのアプローチは三つあります。
　　■水素がなるべく出ないようにする。
　　■メタンガス生成以外の方法で水素を除去する。
　　■メタンガスの生成を直接阻害する。

　極論すると、ルーメン微生物の通常の活動を阻害するものを与えれば、メタンガスの生成は減らせます。ルーメン発酵が減少すれば、水素ガスの生成量も減るからです。しかし、消化率が下がったり、DMIが下がったり、時と場合によっては乳量も減少してしまうことがあります。穀類の多給もメタンガスを減らすかもしれませんが、アシドーシスのリスクを高めます。どれだけ環境への配慮が大切だとは言っても、乳牛の生産性や健康を犠牲にするようなアプローチは本末転倒です。そこまでして、メタンガスを減らす必要があるのか……という気もします。

　次に「メタンガス生成以外の方法で水素を除去する」ためのアプローチを考えてみましょう。この分野では数多くの研究が行なわれ、さまざまなメタン抑制剤の効果が検証されています。そのなかでも「硝酸塩」のサプリメントは最も効果が高いとされており、ルーメンでのメタンガスの発生を50％程度抑制できるそうです。これは、硝酸塩が亜硝酸塩になるときに大量の水素が使われるからです。
　モネンシンをサプリメントすれば、プロピオン酸の生成量が増えます。これも、プロピオン酸を作らせることで、ルーメン内の水素を除去しようというア

プローチです。

　脂肪酸のサプリメントは、メタンガスの生成も直接阻害しますが、不飽和脂肪酸に水素添加させることによってもルーメンから水素を除去し、メタンガスの生成量を減らします。


　「メタンガスの生成を直接阻害する」アプローチとしては、タンニンのサプリメントがあります。タンニンにはメタン生成菌を減少させる効果が報告されています。3-ニトロオキシプロパノール（3NOP）という有機化合物は、メタンガス生成を直接阻害するサプリメントとして開発されたメタンガス抑制剤です。私の研究室でも委託研究を行ないましたが、DMIや消化率、乳量に悪影響を与えることなく、メタンガスの放出量を大幅に減らしました。メタン抑制効果のある、それぞれのサプリメント製品の利用が日本で承認されているかどうかはわかりませんので注意が必要ですが、メタン抑制剤の利用により乳牛が放出するメタンガスを削減できることには十分の科学的な裏付けがあります。


　温暖化ガスを削減することを考える場合、何をもって削減したとするのか、その基準を確認することも重要です。乳牛1頭当たりのメタンガスを減らすことが目標なのか、それともDMI1kg当たりのメタンガスを減らすのか、牛乳1kgを生産するのに伴って出てくるメタンガスを減らすことを目標とするのか、「分母」にあたるものが何かを考えるべきです。

　例えば、1990〜2012年までの期間に、乳牛から放出されるメタンガスの量は6％増えたそうです。しかし同期間中、乳牛の飼養頭数は2％減少し、乳量は36％増えました。乳牛1頭当たりのメタンガス放出量は増えましたが、乳量1kg当たりのメタンガス放出量は22％減少しました。乳牛の泌乳能力が高まり、エネルギーを充足させるためにエサの摂取量が増えると、乳牛1頭当たりのメタンガスの放出量は増えるかもしれません。しかし酪農の目的は、乳牛を飼うことではなく、乳牛を通した乳生産です。「牛乳1kgを生産するために出てくるメタンガスの量が減った」と考えれば、乳牛の生産性を高めることは、メタンガス放出を削減する最も効果的なアプローチだと言えます。

　これは、車の燃費を向上させることによって、二酸化炭素の排出を減らそうという考え方に似ています。燃費の良い車は、ガソリン代を節約できるというメリットもあります。同様に、燃費の良い乳牛は、酪農家にとってもメリットとなるはずです。この地球から車をなくせ、畜産をなくせ、という極端な議論をしていては問題を解決することはできません。将来的には、メタン抑制剤を使って、乳牛からのメタンガス放出を削減するようになるのかもしれませんが、飼料コストは増えます。「遺伝改良を進め、飼養管理・栄養管理を最適化し、生産効率を高める」という考え方は目新しいものではありませんが、食料生産とメタンガス削減を両立させられるアプローチだと言えるかもしれません。

## ▶窒素とリン

　乳牛が排泄する糞尿の中で、環境に悪影響を与えるのは窒素（N）とリン（P）です。

　Nは、アンモニアとして大気汚染の原因となり、硝酸塩として水質汚染の原因となります。さらに、亜酸化窒素は二酸化炭素の約300倍の温室効果があるガスとして知られていますが、これも糞尿から放出されるものです。

　**図4-2-3**に乳牛におけるNの流れを示しました。Nは飼料原料に含まれるタンパク質として乳牛の体内に入ってきます。乳牛が摂取したタンパク質の約30％は乳タンパクとして体外へ出ていきますが、残りの約70％は糞尿の形で体外へ排泄されます。乳タンパクとして利用される割合には、ある程度のばらつきがあり21〜33％だとする研究データがありますが、理論的な最高値は43％とされています。いずれにせよ、乳牛のN利用効率を高めることには限界があるため、糞尿として排泄されるNを少なくする一番効果的な方法は、タンパク質の摂取量を減らすことです。

　環境への悪影響は、糞よりも尿に含まれるNのほうが大きいとされています。アンモニアや亜酸化窒素は、おもに尿のNから出てくるからです。基本的に、尿として排泄されるNはアミノ酸として一度体内に吸収されたものです。乳牛が必要としている以上のタンパク質・アミノ酸を給与すれば、たとえ

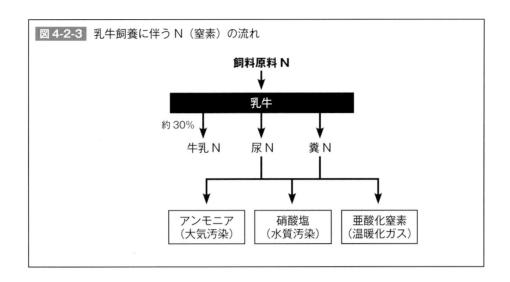

図 4-2-3 乳牛飼養に伴う N（窒素）の流れ

飼料原料 N

乳牛

約 30%

牛乳 N　尿 N　糞 N

アンモニア（大気汚染）　硝酸塩（水質汚染）　亜酸化窒素（温暖化ガス）

きちんと消化・吸収させたとしても、余剰分は尿として排泄されることになります。このような視点からも、N 関連の一番の環境対策はタンパク質を過給しないことだと言えます。

　理論的には、消化・吸収した N（アミノ酸）を乳タンパク生産のため有効に利用する、N の利用効率を高めることも、糞尿として排泄される N を少なくする方法です。しかし、前述したように、乳牛の N 利用効率には限界があるため、「タンパク質の給与量を減らさずに、乳生産への利用効率を高めて乳量を上げよう」と考えるよりも、「タンパク質の給与量を減らしても乳量や乳タンパク量を維持できないか……」という視点から考えたほうが良いかもしれません。

　では、タンパク質の給与量を減らしつつ、乳量を維持するにはどうしたら良いのでしょうか？ 最初に考えるべきことは、エネルギーを十分に供給することです。ルーメン発酵を最適化できれば、小腸での消化率が高くアミノ酸バランスにも優れた微生物タンパクの合成量を高めることができます。

　さらに、アミノ酸バランスを考えた飼料設計も大切です。タンパク質は高価な栄養素です。乳量を減らさずに、タンパク質の給与量を減らすことができれ

ば、飼料コストを下げることにもつながるかもしれません。

　Ｐは水質汚染への影響から注目されている栄養素です。乳牛は摂取したＰの半分以上を糞尿として排泄していますが、排泄量を減らすためには給与量を減らすことが一番の対策になります。鶏豚の世界では、Ｐの消化率を高めることで、糞として排泄されるＰを減らそうという考え方が一般的です。ルーメンを持たない鶏豚は、フィチン酸に含まれるＰを消化できないからです。しかし乳牛は、ルーメン微生物の働きにより、フィチン酸に含まれているＰも消化できます。さらに、高デンプンの設計でルーメン発酵を高められれば、微生物によるＰ利用を高め、Ｐの排泄量をさらに減らすことができます。そのため、泌乳牛の飼料設計では、0.30 ～ 0.40％の給与濃度でＰの要求量を簡単に充足させられるはずですが、北米では「念のために……」という感覚から 0.45％以上給与しているケースが多く、過剰給与が問題の原因だとされています。

　Ｎの場合と同様、過剰給与を避ける、乳牛が必要としている以上のＰは与えないというのが、Ｐの排泄量を減らす一番効果的な方法です。

## ▶環境対策：誰の責任？

　これまで、メタンガス、N, P に関連した環境問題について考えてきましたが、環境への配慮を行なうことは、酪農家にとってメリットとなるのでしょうか？

　ロスを最小限にするという視点からはメリットになるはずです。ＮやＰを過剰に給与しても、乳量は増えません。飼料コストがかかるだけです。乳牛の要求量と給与量を上手くマッチさせられれば、飼料コストを下げ、環境への負荷も下げ、乳量を維持できます。ムダを削減するという視点から考えると、環境への配慮は、経済的なメリットにもなり得ます。

　メタンガスの削減も、理論上はメリットになるはずです。乳牛はメタンガスとして放出されたエネルギーを乳生産のために使うことができません。メタンガスが減れば、代謝エネルギーは増え、乳量は増えるはずです。しかし私の知る限り、これまでの研究データで「メタンガスを抑制するサプリメントを与え

て、乳量が増えた」と報告しているものはありません。その理由はわかりませんが、もし環境問題に配慮した対策を取っても乳量が増えないのであれば、これは損失です。メタンガス抑制のために余分なサプリメントを使うのであれば、飼料コストは上がるからです。ある種のメタン抑制剤には、DMIを下げたり、消化率を下げたりなどの「副作用」が見られる場合もあり、逆に乳量が下がるケースもあるかもしれません。メタンガスの抑制を考えることは、事実上、酪農家にとってデメリットになると言わざるを得ません。

　「環境には配慮しなければならない、しかし、コストがかかる……」という場合、そのコストは誰が負担するべきなのでしょうか？　これは本書の目的を超えた議論です。しかし、将来的に、持続可能な酪農を考えるうえでは避けて通れない問題です。メタンガス削減の努力をすれば乳価にプレミアムが付くのか、何もしない酪農家はペナルティを受けるのか、どうなるのでしょうか？　環境対策へのコストが乳価に転嫁されるのであれば、消費者が負担していることになりますし、そのコストを国がサポートするのであれば、間接的に国民全体が負担していることになります。もしかすると、カーボン・クレジットという形で、他産業・企業がメタンガス抑制のサプリメント代を負担するような仕組みができるのかもしれません。

　これまで、乳牛の飼料設計とは、乳牛が必要としているものを低コストで健康を害することなくどのように与えるかを考えることでした。しかし、近い将来、環境問題も乳牛の飼料設計のアプローチに大きな影響を与えるようになるはずです。

大場 真人

【著者略歴】
北海道別海町での酪農実習の後、ニュージーランド、長野県で農場に勤務
青年海外協力隊員としてシリアの国営牧場に勤務(1990～1992年)
アメリカ アイオワ州立大学 農学部 酪農学科を卒業(1995年)
アメリカ ミシガン州立大学 畜産学部で博士号取得(2002年)
アメリカ メリーランド大学 畜産学部でポスドク研究員および講師として勤務(2002～2004年)
カナダ アルバータ大学農学部 乳牛栄養学・助教授(2004～2008年)
カナダ アルバータ大学農学部 乳牛栄養学・准教授(2008～2014年)
カナダ アルバータ大学農学部 乳牛栄養学・教授(2014年7月より)

【研究分野】
移行期の栄養管理、ルーメン・アシドーシスなど、乳牛を対象にした栄養学、代謝生理学を専門に研究
Journal of Dairy Scienceなどの主要学会誌に掲載された研究論文が合計100稿以上
日本、アメリカ、カナダの酪農業界紙への寄稿は合計120稿以上
2014年よりJournal of Dairy Science誌の栄養部門の編集者
2017年、アメリカ酪農学会で「乳牛栄養学研究奨励賞」を受賞

【日本語での著書】
『実践派のための乳牛栄養学』2000年2月発行 Dairy Japan
『DMIを科学する』2004年7月発行 Dairy Japan
『移行期を科学する～分娩移行期の達人になるために～』2012年10月発行 Dairy Japan
『ここはハズせない乳牛栄養学❶～乳牛の科学～』2019年4月発行 Dairy Japan
『ここはハズせない乳牛栄養学❷～粗飼料の科学～』2020年10月発行 Dairy Japan

# ここはハズせない乳牛栄養学❸
## ～飼料設計の科学～
大場 真人

2022年10月4日発行
定価3,520円(本体3,200円＋税)

ISBN　9784924506787

【発行所】
株式会社デーリィ・ジャパン社
〒162-0806　東京都新宿区榎町75番地
TEL 03-3267-5201　FAX 03-3235-1736
HP：dairyjapan.com　e-mail：milk@dairyjapan.com

【デザイン・制作】
見谷デザインオフィス

【印刷】
渡辺美術印刷㈱

55年のありがとう。
これからも皆さまとともに。

全国酪農業協同組合連合会

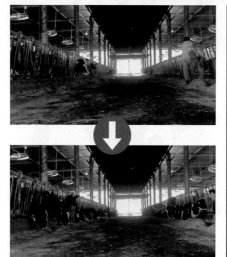

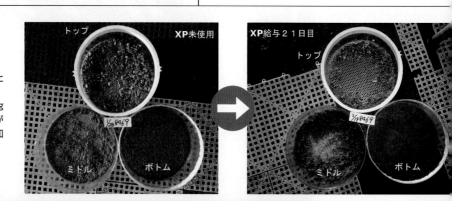